Jan Klärs

Bose-Einstein-Kondensation von paraxialem Licht

Jan Klärs

Bose-Einstein-Kondensation von paraxialem Licht

Experimentelle Untersuchungen zur Thermodynamik von Photonen

Südwestdeutscher Verlag für Hochschulschriften

Impressum/Imprint (nur für Deutschland/only for Germany)
Bibliografische Information der Deutschen Nationalbibliothek: Die Deutsche Nationalbibliothek verzeichnet diese Publikation in der Deutschen Nationalbibliografie; detaillierte bibliografische Daten sind im Internet über http://dnb.d-nb.de abrufbar.

Alle in diesem Buch genannten Marken und Produktnamen unterliegen warenzeichen-, marken- oder patentrechtlichem Schutz bzw. sind Warenzeichen oder eingetragene Warenzeichen der jeweiligen Inhaber. Die Wiedergabe von Marken, Produktnamen, Gebrauchsnamen, Handelsnamen, Warenbezeichnungen u.s.w. in diesem Werk berechtigt auch ohne besondere Kennzeichnung nicht zu der Annahme, dass solche Namen im Sinne der Warenzeichen- und Markenschutzgesetzgebung als frei zu betrachten wären und daher von jedermann benutzt werden dürften.

Coverbild: www.ingimage.com

Verlag: Südwestdeutscher Verlag für Hochschulschriften GmbH & Co. KG
Dudweiler Landstr. 99, 66123 Saarbrücken, Deutschland
Telefon +49 681 37 20 271-1, Telefax +49 681 37 20 271-0
Email: info@svh-verlag.de

Zugl.: Bonn, Universität Bonn, Diss., 2011

Herstellung in Deutschland:
Schaltungsdienst Lange o.H.G., Berlin
Books on Demand GmbH, Norderstedt
Reha GmbH, Saarbrücken
Amazon Distribution GmbH, Leipzig
ISBN: 978-3-8381-2452-0

Imprint (only for USA, GB)
Bibliographic information published by the Deutsche Nationalbibliothek: The Deutsche Nationalbibliothek lists this publication in the Deutsche Nationalbibliografie; detailed bibliographic data are available in the Internet at http://dnb.d-nb.de.

Any brand names and product names mentioned in this book are subject to trademark, brand or patent protection and are trademarks or registered trademarks of their respective holders. The use of brand names, product names, common names, trade names, product descriptions etc. even without a particular marking in this works is in no way to be construed to mean that such names may be regarded as unrestricted in respect of trademark and brand protection legislation and could thus be used by anyone.

Cover image: www.ingimage.com

Publisher: Südwestdeutscher Verlag für Hochschulschriften GmbH & Co. KG
Dudweiler Landstr. 99, 66123 Saarbrücken, Germany
Phone +49 681 37 20 271-1, Fax +49 681 37 20 271-0
Email: info@svh-verlag.de

Printed in the U.S.A.
Printed in the U.K. by (see last page)
ISBN: 978-3-8381-2452-0

Copyright © 2011 by the author and Südwestdeutscher Verlag für Hochschulschriften GmbH & Co. KG and licensors
All rights reserved. Saarbrücken 2011

Zusammenfassung

Einer der faszinierenden Aspekte der Bose-Einstein-Kondensation ist, dass sie selbst in idealen, d.h. wechselwirkungsfreien, Bose-Gasen auftritt, wodurch sie sich grundlegend von allen Phasenübergängen unterscheidet, bei denen eine langreichweitige Ordnung des Systems durch Wechselwirkung erzeugt wird, wie beispielsweise beim Ferromagnetismus. Viele der Schwierigkeiten, die sich bei der experimentellen Realisierung der Bose-Einstein-Kondensation ergeben haben, haben ihren Ursprung darin, dass es tatsächlich nur wenige physikalische Systeme gibt, die einem idealen Bose-Gas nahe kommen: So ist supraflüssiges Helium recht weit entfernt von einem idealen Bose-System, was sich unter anderem daran zeigt, dass hier der Besetzungsgrad des Grundzustands auf 8% limitiert ist. Atomare Gase sind nur bei extrem starker Verdünnung schwach wechselwirkend. Die in typischen Experimenten mit ultrakalten Alkaligasen verwendeten geringen Dichten ziehen extrem kleine Übergangstemperaturen nach sich, was erhebliche Ansprüche an die verwendeten Kühltechniken stellt.

Das vielleicht beste Beispiel eines idealen Bose-Gases ist die Schwarzkörperstrahlung. Die Schwarzkörperstrahlung zeigt allerdings keine Bose-Einstein-Kondensation bei niedrigen Temperaturen, was daran liegt, dass hier nicht nur die spektrale Verteilung der Photonen von der Temperatur abhängt, sondern auch die Photonenzahl insgesamt. Wenn die Temperatur abgesenkt wird, so verringert sich gleichzeitig die Photonenzahl und verhindert damit das Auftreten einer Kondensation. Ein verändertes Tieftemperaturverhalten ergäbe sich nur dann, wenn Thermalisierungsprozesse gefunden werden könnten, bei denen die Photonenzahl erhalten bleibt. Vorgeschlagen wurde beispielsweise ein Thermalisierungsprozess durch Photon-Photon-Stöße in einem nichtlinearen Medium und auch die momentan viel beachteten Experimente zur Kondensation von Exziton-Polaritonen, bei denen ebenfalls binäre Stöße einen Thermalisierungsprozess bewirken, können in diesem Zusammenhang genannt werden.

Gegenstand der vorliegenden Arbeit sind Untersuchungen zur Thermodynamik von paraxialem Licht in einem Farbstoff-Mikroresonator. Durch Kontakt mit einem Wärmebad (mehrfache Absorptions-Emissionszyklen in einem Farbstoff) gelangt das Licht in ein thermisches Gleichgewicht mit dem Resonatoraufbau und übernimmt so dessen Temperatur (Raumtemperatur). Anders als in einem Schwarzkörperstrahler ist im vorliegenden Experiment die Dynamik der Photonen durch die modifizierte Spontanemission im Mikroresonator auf Änderungen der transversalen Freiheitsgrade beschränkt. Formal wird das Photonengas dadurch äquivalent zum einem zweidimensionalen atomaren Bose-Gas, das zudem effektiv einem Fallenpotential unterworfen ist. Darüber hinaus verläuft der Thermalisierungsprozess photonenzahlerhaltend, d.h. anders als in einem Schwarzkörper wird die Photonenzahl nicht durch die Temperatur eingestellt.

Experimentell kann die Thermalisierung des Photonengases durch die Beobachtung thermisch verteilter optischer Frequenzen im Mikroresonator (Bose-Einstein-Verteilung), sowie einer räumlichen Relaxierung der Photonen in das Fallenzentrum nachgewiesen werden. Ab einer bestimmten Photonenzahl im Resonator kann zudem ein Sättigungsverhalten der transversal angeregten Photonenzustände festgestellt werden, begleitet von einer makroskopischen Besetzung des transversalen Grundzustands. Die experimentell ermittelte Photonenzahl, bei der die Kondensation einsetzt ist, entspricht sehr genau der kritischen Teilchenzahl, die man für eine Bose-Einstein-Kondensation theoretisch erwarten würde. Auch die erwartete Abhängigkeit von den Geometrieparametern des Resonators kann experimentell bestätigt werden. Außerdem kann aufgrund der räumlichen Relaxierung der Photonen auch dann eine Kondensation im Fallenzentrum beobachtet werden, wenn das Pumplicht keinen Überlapp mit dem Grundmoden besitzt. Diese experimentellen Beobachtungen lassen den Schluss zu, dass in der vorliegenden Doktorarbeit erstmals ein Gleichgewichtsphasenübergang in einem Photonengas beobachtet wurde, der im engeren Sinn als Bose-Einstein-Kondensation von Licht zu betrachten ist.

Publikationen

Im Rahmen dieser Doktorarbeit sind folgende Veröffentlichungen entstanden:

- J. Klaers, F. Vewinger und M. Weitz, Thermalization of a two-dimensional photonic gas in a 'white wall' photon box, *Nature Physics* **6**, 512 (2010)

- J. Klaers, J. Schmitt, F. Vewinger und M. Weitz, Bose-Einstein condensation of photons in an optical micro-cavity, *Nature* **468**, 545 (2010)

Inhaltsverzeichnis

1	**Einleitung**	**3**
	1.1 Ideales Bose-Gas	4
	1.2 Modifizierte Spontanemission	8
	1.3 „Kalte Photonen" - Experimentelles Umfeld	12
	1.4 Farbstoff-Mikroresonator Experiment	15
2	**Fluoreszenzinduzierter Thermalisierungsprozess**	**19**
	2.1 Kennard-Stepanov Theorie der Farbstoffspektren	19
	2.2 Thermisches Gleichgewicht und Markov-Prozesse	21
	2.3 Thermalisierungsprozess	22
	2.4 Spektrale Temperatur	27
3	**Statistische Physik von paraxialem Licht**	**35**
	3.1 Gross-Pitaevskii-Gleichung für paraxiales Licht	35
	3.2 Zweidimensionales ideales Bose-Gas in einer Falle	38
	3.3 Kondensatfluktuationen	43
	3.4 Spektrale Temperatur und zweiter Hauptsatz	45
4	**Experimente zur Thermalisierung des transversalen Photonenzustands**	**49**
	4.1 Apparativer Aufbau	49
	4.2 Spektrale und räumliche Photonenverteilung	53
	4.3 Räumliche Umverteilung durch Thermalisierung	58
5	**Experimente zur Bose-Einstein-Kondensation von paraxialem Licht**	**61**
	5.1 Spektrale und räumliche Photonenverteilung	61

5.2	Abhängigkeit der kritischen Leistung von der Resonatorgeometrie	64
5.3	Kondensation durch räumliche Relaxierung ins Fallenzentrum	66
5.4	Reabsorptionen und Besetzungsgrad am Phasenübergang	68
5.5	Selbstwechselwirkung im Lichtkondensat	71

6 Ausblick   **75**

Anhang   **79**

   A.1 Ergänzung zu Abschnitt 2.4 79

   A.2 Besetzungsgrad an der Verstärkungsschwelle 80

Kapitel 1

Einleitung

Photonen haben bei der experimentellen Realisierung der Bose-Einstein-Kondensation [1] in ultrakalten atomaren Gasen eine wesentliche Rolle gespielt. Um Materie auf hinreichend kleine Temperaturen zu kühlen, mussten erst grundlegend neue, auf optischen Methoden basierende Kühl- und Speichertechniken entwickelt werden. Diese experimentellen Techniken wurden erst durch die Entwicklung des Lasers möglich, und selbst zwischen der Geburtsstunde des Lasers und der experimentellen Realisierung der Bose-Einstein-Kondensation in atomaren Gasen [2–7] liegen mehr als dreißig Jahre.

Es erscheint naheliegend die Rollen zu vertauschen und zu fragen, ob denn die Photonen, die ja ebenfalls zu den Bosonen gehören, selbst zu einer Bose-Einstein-Kondensation fähig sind. Immerhin wissen wir, dass in Lasern ein verwandtes Phänomen auftritt, wenn oberhalb der Laserschwelle ein einziger Mode des Laserresonators von makroskopisch vielen Photonen besetzt wird. Das Anschwingen eines Moden in einem Laser ist allerdings nicht im eigentlichen Sinn eine Bose-Einstein-Kondensation. Weder ist der Zustand des Lichts (bzw. des Lasermediums) im thermischen Gleichgewicht, noch lässt sich die Laserschwelle durch thermodynamische Überlegungen charakterisieren. In gewisser Weise ist der Laser sogar ein Musterbeispiel für ein Nicht-Gleichgewichtssystem, da konventioneller Laserbetrieb tatsächlich nur möglich ist, wenn das Lasermedium invertiert wird. Ein Gleichgewichts-Phasenübergang, im Sinne einer Bose-Einstein-Kondensation von Licht, wäre unabhängig von dieser Bedingung.

Die Frage, ob eine Bose-Einstein-Kondensation von Photonen möglich ist, wird üblicherweise mit dem Hinweis auf die Schwarzkörperstrahlung [8, 9] - das vermutlich allgegenwärtigste Bose-Gas überhaupt - verneint [10,11]. Bei der Schwarzkörperstrahlung, also der Strahlung, die von Körpern aufgrund ihrer Temperatur emittiert wird, besteht die Besonderheit, dass nicht nur die spektrale Verteilung der Photonen sondern auch die Photonenzahl selbst von der Temperatur abhängen. Wenn man die Temperatur des Schwarzkörpers verringert, dann verringert sich gleichzeitig auch die Photonenzahl (Stefan-Boltzmann Gesetz) und eine Kondensation der Photonen in den Grundzustand des Hohlraums kommt nicht zustande.

In den letzten Jahren gab es vermehrt Bestrebungen, Gleichgewichtsprozesse zu finden, die zu einem makroskopisch besetzten Photonenzustand führen. Das Beispiel der Schwarzkörperstrahlung zeigt, dass diese Prozesse die Photonenzahl erhalten müssen. Ein Ansatz, der von Chiao vorgeschlagene nichtlineare Fabry-Perot Resonator [12–22], besteht darin, den Thermalisierungsprozess durch Photon-Photon-Stöße (Vier-Wellen-Mischung) in einem Medium zu induzieren - ganz analog zu den in Experimenten mit atomaren Bose-Einstein-Kondensaten auftretenden interatomaren Stößen. Solche Photon-Photon-Stöße treten in Medien mit intensitätsabhängigem Brechungsindex auf. Auch die viel beachteten Experimente zur Kondensation von Exziton-Polaritonen in Halbleiter-Mikroresonatoren [23–28] können in den Kontext der Photonenkondensation gesetzt werden - auch wenn diese Systeme durch eine starke Kopplung zwischen Photonen und Exzitonen charakterisiert sind, die letztlich zu neuen Eigenzuständen führt. Der Thermalisierungsprozess im Polaritonengas wird ebenfalls durch Stöße induziert, die durch die Coulomb-Wechselwirkung zwischen den exzitonischen Anteilen der Polaritonen vermittelt werden. In dieser Doktorarbeit wird dagegen ein anderer Ansatz verfolgt [29, 30]. Die Thermalisierung der Photonen wird durch Kontakt mit einem Wärmebad bewirkt, der unter geeigneten Bedingungen ebenfalls photonenzahlerhaltend abläuft.

Es folgen nun einige einleitende Abschnitte zur Bose-Einstein-Kondensation und Spontanemission, sowie ein Überblick über das Mikroresonator-Experiment, das dieser Doktorarbeit zu Grunde liegt. Eine detailliertere Diskussion der theoretischen Grundlagen findet sich dann in den Kapiteln 2 und 3 und die experimentellen Ergebnisse werden in den Kapiteln 4 und 5 vorgestellt.

1.1 Ideales Bose-Gas

Die charakterisierende Eigenschaft eines Bose-Gases ist, dass sich bei Vertauschung zweier gleichartiger Bosonen die quantenmechanische Viel-Teilchen-Wellenfunktion nicht ändert; im Unterschied zu den Fermionen, bei denen sich dadurch das Vorzeichen der Wellenfunktion ändert. Gleichartige Bosonen dürfen sich deshalb im Gegensatz zu Fermionen (Paulisches Auschlussprinzip) zur selben Zeit im selben Zustand befinden. Bei der Bose-Einstein-Kondensation führt das sogar so weit, dass sich ein makroskopisch besetzter (Ein-Teilchen-)Zustand herausbildet, d.h. ein Großteil der Teilchen in einem Gas befindet sich zum gleichen Zeitpunkt im gleichen Zustand.

Im thermischen Gleichgewicht wird die Besetzung einer $g(\epsilon)$-fach entarteten Ein-Teilchen-Energie ϵ durch die Bose-Einstein-Verteilung beschrieben [10, 31]:

$$n_{T,\mu}(\epsilon) = \frac{g(\epsilon)}{\exp((\epsilon - \mu)/k_B T) - 1} \qquad (1.1)$$

Wie jeder Gleichgewichtszustand ist die Bose-Einstein-Verteilung genau der Zustand eines Systems, der (mikrokanonisch betrachtet) die größte Entartung unter bestimmten Randbedingungen erlaubt. Eine dieser Randbedingungen betrifft die Gesamtteilchenzahl:

$$\sum_\epsilon n_{T,\mu}(\epsilon) \stackrel{!}{=} N \qquad (1.2)$$

Um eine Randbedingung dieses Typs einzuhalten, wird in der Bose-Einstein-Verteilung (1.1) das chemische Potential μ eingeführt, das für jede Temperatur so anzupassen ist, dass Gleichung (1.2) erfüllt bleibt. Wegen $n_{T,\mu}(\epsilon) \geq 0$ gilt dabei immer $\mu/k_\mathrm{B} T \leq 0$ (im Unterschied zu Fermionen). Die zwei wichtigsten physikalischen Szenarien sind das ideale atomare Gas und die Schwarzkörperstrahlung, die im Folgenden diskutiert werden sollen.

Ideales atomares Bose-Gas

Vergrößert man das chemische Potential bei festgehaltener Temperatur ($\mu/k_\mathrm{B}T \to 0$), dann steigt die Gesamtteilchenzahl an. Ab einer bestimmten Teilchenzahl sättigen die angeregten Teilchenzustände, d.h. die angeregten Zustände können bei der gegebenen Temperatur ab einem bestimmten Punkt keine weiteren Teilchen mehr aufnehmen (wie wir weiter unten sehen werden, stimmt dies nicht für jedes Bose-Gas). Gleichzeitig beginnt die Grundzustandsbesetzung zu divergieren, so dass jedes zusätzliche Teilchen nun, statistisch gesehen, vom Grundzustand aufgenommen wird. Die kritische Gesamtteilchenzahl N_c, bei der diese Bose-Einstein-Kondensation einsetzt, lässt sich durch Summation von $n_{T,\mu=0}(\epsilon)$ über alle Ein-Teilchen-Energien bestimmen, wobei die für $\mu = 0$ divergente Grundzustandsbesetzung ausgenommen werden muss, $N_\mathrm{c} = \sum_{\epsilon>0} n_{T,\mu=0}(\epsilon)$. Die Summation über die Energie kann durch eine Integration analytisch genähert werden, wobei die Entartung $g(\epsilon)$ durch eine entsprechende Zustandsdichte $\tilde{g}(\epsilon)$ ersetzt werden muss:

$$\sum_\epsilon g(\epsilon) \longrightarrow \int \tilde{g}(\epsilon)\, d\epsilon \qquad (1.3)$$

Die Zustandsdichte $\tilde{g}(\epsilon)$ hängt von der Dimensionalität des Systems und eventuell vorhandenen Fallenpotentialen ab. Betrachten wir beispielsweise das homogene (freie), dreidimensionale ideale Bose-Gas. Für Teilchen der Masse m in einem Volumen V ist die Zustandsdichte gegeben durch $\tilde{g}(\epsilon) = Vm\,(\pi^2\hbar^3)^{-1}\sqrt{2m\epsilon}$ [10, 32] und man erhält eine kritische Teilchenzahl bei festgehaltener Temperatur von:

$$\begin{aligned} N_\mathrm{c} &= \sum_{\epsilon>0} n_{T,\mu=0}(\epsilon) \\ &\simeq \int_0^\infty \frac{Vm\,(\pi^2\hbar^3)^{-1}\sqrt{2m\epsilon}}{\exp(\epsilon/k_\mathrm{B}T) - 1}\, d\epsilon \\ &= \frac{\zeta(3/2)V}{\hbar^3}\left(\frac{mk_B T}{2\pi}\right)^{\frac{3}{2}} \end{aligned} \qquad (1.4)$$

Löst man dagegen nach der kritischen Temperatur auf, dann erhält man für festgehaltene

	homogen (frei)	Fallenpotential $V = \alpha r^\beta$ ($\alpha, \beta > 0$)
d=3	BEK	BEK
d=2	keine BEK	BEK
d=1	keine BEK	BEK für $\beta < 2$

Tabelle 1.1: Tieftemperaturverhalten des idealen Bose-Gases in verschiedenen Dimensionen d und in Abhängigkeit eines Fallenpotentials V [33].

Teilchenzahl:

$$T_c = \frac{2\pi}{k_B m} \left(\frac{\hbar^3}{\zeta(3/2)} \frac{N}{V} \right)^{\frac{2}{3}} \qquad \text{(3d, frei)} \qquad (1.5)$$

Die bei T_c einsetzende makroskopische Besetzung des Grundzustands ist nur dann ein Phasenübergang, wenn sie (prinzipiell) im thermodynamischen Limes Bestand hat. Gleichung (1.5) zeigt, dass dieser thermodynamische Limes durch $N \to \infty$, $V \to \infty$ mit $\rho = N/V = const$ gegeben ist, da nur eine konstante Dichte die Übergangstemperatur konstant hält.

Das homogene, zweidimensionale Bose-Gas zeigt dagegen keine Bose-Einstein-Kondensation bei endlichen Temperaturen. Hier ist die Zustandsdichte unabhängig von der Energie $\tilde{g}(\epsilon) = Am/\pi \hbar^2$ (A Fläche) und die entsprechende kritische Teilchenzahl divergiert für endliche Temperaturen:

$$N_c = \int_0^\infty \frac{Am/\pi \hbar^2}{\exp(\epsilon/k_B T) - 1} \, d\epsilon = \infty \qquad \text{(2d, frei)} \qquad (1.6)$$

Die Situation ändert sich aber, wenn ein Fallenpotential vorhanden ist. Dann steigt die Zustandsdichte linear mit ϵ an und das Integral ist wieder endlich. Das Tieftemperaturverhalten des idealen Bose-Gases ist für verschiedene Dimensionen und Fallenpotentiale in Tabelle 1.1 zusammengefasst.

Schwarzkörperstrahlung

In einem Schwarzkörperstrahler [8, 9] findet eine stetige Umwandlung von Wärmeenergie in Photonen und von Photonen in Wärmeenergie statt. Unter diesen Bedingungen folgt die Photonenzahl keinem von außen vorgegebenen Erhaltungsgesetz, oder genauer, der Gleichgewichtszustand muss dann keine Randbedingung in der Form von Gleichung (1.2) einhalten. Formal löst man die Randbedingung auf, indem man das chemische Potential auf null setzt, $\mu \stackrel{!}{=} 0$.

Im dreidimensionalem Raum ist die spektrale Zustandsdichte $\tilde{g}(\omega) = \omega^2/\pi^2 c^3$ (Zustände pro Frequenz pro Volumen) [10, 32]. Die spektrale Photonendichte ist dann:

$$n(\omega, T) = \frac{\omega^2/\pi^2 c^3}{\exp(\hbar \omega/k_B T) - 1} \qquad (1.7)$$

Eine Integration über die Frequenz liefert nun die Photonendichte N/V:

$$\frac{N}{V} = \int_0^\infty n(\omega,T)\,d\omega = \frac{2\zeta(3)k_B^3}{\pi^2(\hbar c)^3}T^3 \to 0 \quad (T \to 0) \tag{1.8}$$

Diese Gleichung impliziert, dass die Photonenzahl bei der Schwarzkörperstrahlung durch die vorhandene thermische Energie eingestellt wird. Letzteres ist auch der Grund, warum Schwarzkörperstrahlung keine Bose-Einstein-Kondensation bei tiefen Temperaturen zeigt. Verringert man die Temperatur eines Schwarzkörpers, dann verringert sich gleichzeitig auch die Teilchendichte und verhindert damit eine Kondensation in den Grundzustand des Hohlraums.

Bisher wurde implizit angenommen, dass es einen Mechanismus gibt, der zu einer Gleichgewichtsverteilung der Photonen führt, ohne dabei auf die Details des Thermalisierungsprozesses einzugehen. In atomaren Gasen sind dafür üblicherweise Zwei-Körper-Stöße zwischen den Atomen verantwortlich. In einem Photonengas finden dagegen, zumindest im Vakuum, keine Kollisionen zwischen den Photonen statt, was sich u.a. in der Linearität der Maxwell-Gleichungen zeigt. Das thermische Gleichgewicht der Schwarzkörperstrahlung basiert auf einem thermischen Gleichgewicht der Oszillatoren in den Wänden, die mit der Strahlung in Kontakt stehen. Einen Einblick in den Thermalisierungsprozess gibt folgende berühmte Argumentation von Einstein [34, 35].

Wir betrachten ein Zwei-Niveau-Atom in der Wand eines Hohlraumstrahlers mit Grundzustand g und angeregtem Zustand a. Die Energiedifferenz betrage $E_a - E_g = \hbar\omega$. Dieses Atom tauscht permanent Photonen mit der Strahlung des Hohlraums aus, d.h. es absorbiert und emittiert Strahlung der Frequenz ω. Die Einsteinschen Ratengleichungen legen die Dynamik des Zwei-Niveau-Systems fest und berücksichtigen dabei spontane und stimulierte Übergänge zwischen den Niveaus. Für die zeitliche Entwicklung der Besetzungswahrscheinlichkeiten der beiden Niveaus $p_a(t)$, $p_g(t)$ gilt

$$\frac{\partial p_a}{\partial t} = -(A + \tilde{B}n)p_a + \tilde{B}n p_g \tag{1.9}$$

$$\frac{\partial p_g}{\partial t} = -\frac{\partial p_a}{\partial t} \tag{1.10}$$

wobei $n = n(\omega,T)$ die spektrale Photonendichte ist und A bzw. $\tilde{B}\cdot n$ die Raten von spontanen bzw. stimulierten Prozessen beschreiben. A und $\tilde{B}$ sind die Einstein-Koeffizienten. Weil die Ratengleichungen hier mit Hilfe der Photonendichte $n(\omega,t)$ anstelle der Energiedichte $u(\omega,T) = \hbar\omega\, n(\omega,T)$ formuliert wurden, unterscheidet sich der Koeffizient $\tilde{B}$ vom üblicherweise verwendeten B-Koeffizienten, $\tilde{B} = \hbar\omega B$. Im stationärem Zustand ist $\partial p_a/\partial t = 0$ (bzw. $\partial p_g/\partial t = 0$), so dass gilt:

$$(A + \tilde{B}n)p_a = \tilde{B}n p_g \tag{1.11}$$

Darüber hinaus ist in einem Schwarzkörperstrahler das Verhältnis p_a/p_g im thermischen Gleich-

gewicht gegeben durch:
$$\frac{p_\mathrm{a}}{p_\mathrm{g}} = \exp(-\hbar\omega/k_\mathrm{B}T) \tag{1.12}$$

Kombiniert man nun die Gleichungen (1.11) und (1.12) und löst nach $n(\omega,T)$ auf, dann erhält man:
$$n(\omega,T) = \frac{A}{\tilde{B}} \frac{1}{\exp(\hbar\omega/k_\mathrm{B}T) - 1} \tag{1.13}$$

Das Verhältnis $A/\tilde{B}$ entspricht dabei gerade der spektralen Zustandsdichte, also $A/\tilde{B} = \omega^2/\pi^2 c^3$. Bei dieser spektralen Photonenverteilung des Feldes wird das thermische Gleichgewicht der Oszillatoren in den Wänden nicht gestört. Daraus lässt sich dann schließen, dass es sich um die Gleichgewichtsverteilung der Strahlung handeln muss.

Das verschwindende chemische Potential der Schwarzkörperstrahlung wird in der Herleitung über die Einsteinschen Ratengleichungen durch Gleichung (1.12) eingeführt, die besagt, dass die Besetzung des angeregten atomaren Zustands einzig durch die vorhandene thermische Energie bestimmt wird. Für einen Schwarzkörper ist das zwar zutreffend, aber es ist keine generelle Eigenschaft von Prozessen, an denen Photonen beteiligt sind. Beispielsweise ist bei der Fluoreszenz die thermische Energie typischerweise deutlich kleiner als die Energie des (optischen) Übergangs, so dass ohne vorherige Absorption eines (optischen) Photons überhaupt keine Fluoreszenz aus einem elektronisch angeregtem Zustand erfolgen kann. Auch bei der Fluoreszenz wird die Dynamik des Systems (in einem stationären Zustand) durch Gleichung (1.11) beschrieben, das Verhältnis $p_\mathrm{a}/p_\mathrm{g}$ ist aber nicht mehr durch Gleichung (1.12) gegeben, sondern hängt von der Zahl der Photonen ab, die z.B. durch ein optisches Pumpen in das System eingebracht werden. Die Konsequenz daraus ist, dass diese Photonen dann ein nicht-verschwindendes chemisches Potential erhalten [36,37].

1.2 Modifizierte Spontanemission

Im vorliegenden Experiment spielt die Spontanemission von Farbstoffmolekülen in einer durch einen Mikroresonator veränderten Umgebung eine zentrale Rolle. Es folgen deshalb nun einige einleitende Betrachtungen zur Modifikation der Spontanemission. Dass die Rate der Spontanemission zu einem erheblichen Teil durch die Umgebung des Emitters beeinflusst wird, wurde bereits 1946 von Purcell im Zusammenhang mit Radiofrequenz-Übergängen des magnetischen Moments von Kernen erkannt [38,39] und entsprechende Experimente vom Mikrowellen- bis zum optischen Bereich folgten später [40–46]. Erneute Aktualität hat die Thematik mit dem Aufkommen der photonischen Kristalle bekommen [47–50]. Unter anderem wurde der Einfluss photonischer Kristalle auf die Verteilung der Schwarzkörperstrahlung untersucht [51,52]. Modifizierte Spontanemission ist auch ein wesentliches Funktionsprinzip von Mikrolasern. Eine effiziente Kopplung der spontanen Photonen in einen einzigen Moden kann zu einer drastischen Absenkung der Laserschwelle führen („schwellenlose" Laser) [53–61]. In diesem einleitenden

Abschnitt möchte ich einige generelle Anmerkungen zum physikalischen Hintergrund der Spontanemission anführen. Übersichtsartikel zum Thema sind beispielsweise die Referenzen [62,63].

Die spontane Emission ist einer der wichtigsten Prozesse der Licht-Materie-Wechselwirkung. In semiklassischen Theorien (Einsteinsche Ratengleichungen, optische Bloch-Gleichungen) wird die Spontanemission phänomenologisch eingeführt ohne auf eine tiefer gehende mikroskopische Erklärung aufzubauen. Erst die Quantenelektrodynamik liefert eine solche Begründung. Im Zuge der Quantisierung der Strahlungsmoden muss der Begriff des elektromagnetischen Vakuums neu definiert werden. Der Vakuumzustand ist der quantenmechanische Zustand eines Moden mit der geringsten Energie. Er enthält keine reellen Photonen besitzt aber eine durch Fluktuationen (virtuelle Photonen) verursachte nicht-verschwindende Energie von $\hbar\omega/2$. In der Quantenelektrodynamik wird nun die Spontanemission als ein durch Vakuumfluktuationen ausgelöster Emissionsprozess interpretiert. Die Fluktuationen des Vakuums spielen im übrigen nicht nur bei der Spontanemission sondern auch in anderen Situationen eine wichtige Rolle, z.B. bei der Casimir Kraft [64] und der Lamb-Verschiebung [65].

Das Problem der spontanen Emission wurde erstmals durch Weisskopf und Wigner exakt gelöst [66]. Einen gewissen Einblick in diesen Prozess liefert aber bereits die störungstheoretische Behandlung mit Hilfe von Fermis Goldener Regel. Betrachten wir etwa einen Prozess bei dem der elektronisch angeregte Zustand unter Aussendung eines Photons mit Wellenvektor $\vec{k}$ und Polarisation $\vec{\epsilon}$ zerfällt. Der Zustand des Gesamtsystems kann als Produktzustand mit einer atomaren und einer Feld-Komponente beschrieben werden. Zu Beginn sei das Gesamtsystem im Zustand $i = \left|a, 0_{\vec{k},\vec{\epsilon}}\right\rangle$, d.h. das Atom sei im angeregten Zustand a und das Feld enthalte keine Photonen im Zustand $\vec{k}$. Der Endzustand sei $f = \left|g, 1_{\vec{k},\vec{\epsilon}}\right\rangle$. Aufgrund der Energieerhaltung muss die Energiedifferenz der atomaren Zustände, $E_a - E_g = \hbar\omega_0$, genau der Photonenenergie $\hbar ck$ entsprechen. Die Übergangsrate in erster Ordnung Störungstheorie ist gegeben durch Fermis Goldene Regel [32,55]

$$\begin{aligned}W_{if} &= \frac{2\pi}{\hbar^2 c}\rho_{\vec{k}}(k)\left|\left\langle f, 1_{\vec{k},\vec{\epsilon}}|\hat{H}_{int}|i, 0_{\vec{k},\vec{\epsilon}}\right\rangle\right|^2 \\ &= \frac{2\pi}{c}\rho_{\vec{k}}(k)\left|g_{\vec{k},\vec{\epsilon}}\right|^2\end{aligned} \quad (1.14)$$

wobei $\hat{H}_{int}$ der Operator der Dipolkopplung ist (in Drehwellennäherung der des Jaynes-Cummings Modells [67]) und $\rho_{\vec{k}}(k)$ die Dichte der Photonenzustände (im k-Raum) in der Umgebung des $\vec{k}$-Zustands beschreibt. In der zweiten Zeile wurde zudem die Vakuum-Rabi-Frequenz $g_{\vec{k},\vec{\epsilon}} = \hbar^{-1}\left\langle f, 1_{\vec{k}}|\hat{H}_{int}|i, 0_{\vec{k}}\right\rangle$ definiert, für die im Jaynes-Cummings Modell gilt [68,69]

$$g_{\vec{k},\vec{\epsilon}} = \hbar^{-1}\sqrt{\frac{\hbar\omega_{\vec{k}}}{2\epsilon_0}}\, u_{\vec{k}}(\vec{r})\, \mu_{ag}\, \vec{d}\cdot\vec{\epsilon} \quad (1.15)$$

wobei $u_{\vec{k}}(\vec{r})$ die normierte Modenfunktion am Ort des Dipols $\vec{r}$ und μ_{ag} das Dipolmoment des atomaren Übergangs a → g sind. Zusätzlich muss noch die relative Orientierung zwischen der atomaren Dipolachse $\vec{d}$ des Atoms und dem Polarisationsvektor $\vec{\epsilon}$ des Feldes durch das Skalarprodukt $\vec{d} \cdot \vec{\epsilon}$ berücksichtigt werden. Für das Strahlungsfeld werden periodische Randbedingungen im Volumen $V = L^3$ angenommen. Das bedeutet, dass benachbarte Zustände im k-Raum $\Delta k = 2\pi/L$ voneinander entfernt sind. Dann kann man setzen:

$$\rho_{\vec{k}}^{\text{frei}}(k) = L/2\pi \quad \text{und} \quad |u_{\vec{k}}^{\text{frei}}(\vec{r})|^2 = V^{-1} \tag{1.16}$$

Zusammen mit Gleichung (1.15) ergibt sich damit:

$$W_{\text{if}}^{\text{frei}} = \frac{\omega_{\vec{k}}}{2\hbar c \epsilon_0} \frac{L}{V} \mu_{\text{ag}}^2 (\vec{d} \cdot \vec{\epsilon})^2 \tag{1.17}$$

Die totale Zerfallsrate W^{frei} lässt sich durch Summation von $W_{\text{if}}^{\text{frei}}$ über alle möglichen Moden $\vec{k}$ und über zwei geeignete Polarisationsachsen $\vec{\epsilon}$ bestimmen. Die Summation über die Zustände im k-Raum findet auf einer Kugeloberfläche mit Radius $|\vec{k}| = \omega_0/c$ statt. Anstatt zu summieren, kann über die Fläche integriert werden, wobei noch die Flächendichte $(L/2\pi)^2$ der Zustände zu berücksichtigen ist. Die Summation über zwei Polarisationsachsen liefert einen Vorfaktor 2; es ist jedoch zu beachten, dass diese Achsen nicht immer parallel zur Dipolachse des Atoms stehen können. Eine kurze Zwischenrechnung zeigt, dass der Term $(\vec{d} \cdot \vec{\epsilon})^2$ im Mittel den Wert $1/3$ annimmt. Es ergibt sich damit insgesamt folgende Gesamtrate:

$$\begin{aligned} W^{\text{frei}} &= 2 \oint_{|\vec{k}|=\frac{\omega_0}{c}} \frac{L^2}{(2\pi)^2} \frac{\omega_{\vec{k}}}{2\hbar c \epsilon_0} \frac{L}{V} \mu_{\text{ag}}^2 \frac{1}{3} d^2 k \\ &= 4\pi \left(\frac{\omega_0}{c}\right)^2 \frac{\omega_0 \mu_{\text{ag}}^2}{3(2\pi)^2 \hbar c \epsilon_0} = \frac{\mu_{\text{ag}}^2 \omega_0^3}{3\pi \hbar \epsilon_0 c^3} \end{aligned} \tag{1.18}$$

Diese Übergangsrate entspricht in der Tat der Zerfallskonstanten der Weisskopf-Wigner-Lösung (bzw. dem Einsteinschen A-Koeffizienten); die störungstheoretische Behandlung der Spontanemission liefert also das richtige Ergebnis. Diese Rechnung demonstriert zwei wichtige Aspekte. Einerseits ist die Zerfallsrate und damit z.B. auch die Linienbreite eines atomaren Übergangs in der Quantenelektrodynamik berechenbar und muss nicht phänomenologisch eingeführt werden wie in den semiklassischen Theorien. Andererseits zeigt sich, dass die Lebensdauer eines elektronisch angeregten Atoms keine rein atomare Eigenschaft ist, sondern, dass die Umgebung des Atoms daran ebenso beteiligt ist. Die Lebensdauern von atomaren Anregungen in der Nähe von spiegelnden Oberflächen, in Resonatoren oder in photonischen Kristallen zeigen alle eine (mehr oder weniger große) Abweichung von der Lebensdauer im freien Raum. Der Einfluss der Umgebung erstreckt sich natürlich nicht nur auf die Gesamtlebensdauern, sondern ebenso auf die räumliche Orientierung der emittierten Strahlung, wenn etwa die Raten W_{if} für bestimmte Raumrichtungen etwa durch einen Resonator höher sind als für andere Richtungen.

Dazu betrachten wir einen planparallelen Resonator, der in Resonanz mit der emittierten Strah-

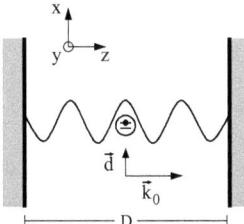

Abbildung 1.1: Spontanemission in einem Resonator. Ein angeregtes Atom befindet sich in einem Resonator mit Spiegelabstand D. Das Atom ist in einem Feldmaximum des Resonatormoden positioniert und die Dipolachse $\vec{d}$ ist parallel zu den Spiegelflächen.

lung ist (Abb. 1.1). Das ist bei einem Spiegelabstand $D = q\lambda_0/2$ mit $\lambda_0 = 2\pi c/\omega_0$ der Fall; q ist dabei die longitudinale Modenzahl. Die Emission erfolge in Richtung der Spiegel, d.h. $\vec{k} = \vec{k}_0$ steht senkrecht auf der Spiegelebene, parallel zur z-Achse. Was ist die Rate dieses Emissionsprozesses? Die Spiegel verändern die Abstände der Zustände im k-Raum. Auf Resonanz, d.h. bei $\vec{k}_0$, ist der Abstand zweier Zustände in k_z-Richtung $\Delta k_z = 2\pi/(D \cdot F/\pi)$, wobei F die Finesse des Resonators ist und der Nenner $D \cdot F/\pi$ der mittleren Wegstrecke entspricht, die das Licht zurücklegt, bevor es den Resonator verlässt. Man kann deshalb für $\rho_{\vec{k}_0}(k_0)$ bzw. $u_{\vec{k}_0}(\vec{r})$ setzen

$$\rho_{\vec{k}_0}^{\text{Res}}(k_0) = \frac{DF}{2\pi^2} \quad \text{und} \quad |u_{\vec{k}_0}^{\text{Res}}(\vec{r})|^2 = 2\,(L^2 D)^{-1} \qquad (1.19)$$

wobei zusätzlich angenommen wurde, dass es sich bei der Feldamplitude am Ort des Dipols $u_{\vec{k}_0}(\vec{r})$ um ein Intensitätsmaximum handelt. Ferner wird angenommen, dass die Dipolachse parallel zur Feldporaristion steht, $\vec{d} \cdot \vec{\epsilon} = 1$. In Verbindung mit Gleichung (1.15) ergibt sich damit:

$$\begin{aligned}
W_{\text{if}}^{\text{Res}} &= \frac{\omega_{\vec{k}}}{2\hbar c \epsilon_0} \frac{1}{L^2} \mu_{\text{ag}}^2 \frac{2}{\pi} F \\
&= W_{\text{if}}^{\text{frei}} \times \frac{2}{\pi} F \\
&= W_{\text{if}}^{\text{frei}} \times \frac{1}{\pi} \frac{\lambda_0}{D} Q
\end{aligned} \qquad (1.20)$$

Im letzten Schritt wurde noch der Gütefaktor $Q = qF = (2D/\lambda_0)F$ eingeführt. Es zeigt sich also, dass die Rate der Emissionen in Spiegelrichtung mit einem Faktor proportional zu F bzw. Q beschleunigt wird. Die veränderte Rate wirkt sich natürlich auch auf die räumliche Charakteristik der Emission aus. Die Photonen werden nun vermehrt senkrecht zur Spiegelebene emittiert. Abseits der Resonanz wird die Rate der Spontanemission im Vergleich zum freien Raum hingegen reduziert und kann prinzipiell sogar ganz unterdrückt werden, wenn keine resonanten Moden zur Verfügung stehen.

Eine zu Gleichung (1.20) analoge Formel lässt sich auch für Moden mit endlichem Modenvolumen herleiten. Die Rate der Spontanemission in einen resonanten Moden wird mit dem Faktor

$$F_\mathrm{P} = \frac{3}{4\pi^2} \frac{(\lambda_0/n)^3}{V_\mathrm{mod}} Q \qquad (1.21)$$

gegenüber der Rate im freien Raum beschleunigt [48, 70]. Dabei ist V_Mod das Modenvolumen, λ_0 die Wellenlänge der Resonanz, n der Brechungsindex und es wird wieder angenommen, dass sich der Emitter in einem Feldmaximum befindet und seine Dipolachse mit der Feldpolarisation übereinstimmt. Der Faktor F_p ist der Purcell-Faktor.

Wie bereits erwähnt, lässt sich die Rate der spontanen Emission mit keiner klassischen Theorie berechnen. Für die Modifikation der Rate durch die Umgebung relativ zum freien Raum, also etwa den Quotienten $W^\mathrm{Res}/W^\mathrm{frei}$, gilt das aber nicht. Dieses Ratenverhältnis wird auch durch die klassische Elektrodynamik korrekt vorhergesagt [71]. Klassisch kann man das Phänomen als Rückkopplung der emittierten Strahlung auf den oszillierenden Dipol verstehen. Emittiert ein Dipol Strahlung, dann geschieht dies zunächst mit der Rate, mit der er im Vakuum emittieren würde. Wird das Feld aber durch einen Spiegel zurück reflektiert, so greift es wiederum am oszillierenden Dipol an. Geschieht dies phasenangepasst, so wird die Abstrahlung beschleunigt, andernfalls abgebremst. Experimentell lässt sich der Purcell-Faktor entweder direkt durch eine zeitaufgelöste Messung der Emission bestimmen, oder aber indirekt durch eine Messung der Sättigungsintensität. Letzteres ist in manchen Situationen möglich, weil eine resonatorbedingte Verkürzung der Lebensdauer auf Resonanz zu höheren Sättigungsintensitäten im Vergleich zum freien Raum führt [48, 72].

1.3 „Kalte Photonen" - Experimentelles Umfeld

Wie im Abschnitt 1.1 erläutert zeigt die Schwarzkörperstrahlung bei niedrigen Temperaturen keine Bose-Einstein-Kondensation. Ursache für dieses Verhalten ist, dass Photonenzahl und Temperatur nicht unabhängig voneinander variiert werden können (verschwindendes chemisches Potential). Das „verschwindende chemische Potential der Photonen" ist aber tatsächlich keine allgemeine Photoneneigenschaft sondern eine Eigenschaft der im Schwarzkörper stattfindenden physikalischen Prozesse. Es ist deshalb berechtigt zu fragen, ob es andere, und zwar teilchenzahlerhaltende, Thermalisierungsprozesse gibt, die zu einem veränderten Tieftemperaturverhalten der Photonen führen könnten. Im Folgenden werden zwei experimentelle Ansätze vorgestellt.

Nichtlinearer Fabry-Perot-Resonator

Der erste Ansatz, der einem Vorschlag von Chiao folgt [12–22], besteht darin, die Photonen durch ein nichtlineares Medium miteinander wechselwirken zu lassen - ganz analog zu einem

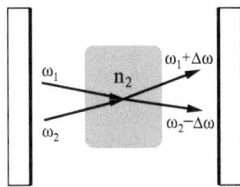

Abbildung 1.2: Photon-Photon-Streuung in einem nichtlinearen Resonator. Durch einen intensitätsabhängigen Brechungsindex $n_2(I)$ wird eine effektive Wechselwirkung zwischen den Photonen induziert (Vier-Wellen-Mischung).

atomaren Gas. Dazu wird ein Resonator (Abb. 1.2) verwendet, in den zusätzlich ein nichtlineares Medium, d.h. ein Medium mit intensitätsabhängigen Brechungsindex $n_2(I)$, eingebracht wird (atomares Rubidium im Fall von Chiao). Durch das nichtlineare Medium wird effektiv eine Wechselwirkung zwischen den Photonen induziert [14, 17] (in der Sprache der nichtlinearen Optik: Vier-Wellen-Mischung), die einen Energie- und Impulsübertrag erlaubt und über den das Photonengas dann thermalisieren kann. Es ist klar, dass bei dieser Art der Thermalisierung die Photonenzahl erhalten bleibt. Die Aufgabe des Resonators besteht unter anderem darin, die Zustandsdichte der Photonen durch einen hinreichend großen freien spektralen Bereich so abzuändern, dass bei den Photon-Photon-Stößen nur die transversalen Bewegungsfreiheitsgrade (k_x, k_y) verändert werden, die (quantisierte) longitudinale Komponente (k_z) aber ausgefroren bleibt. Dann wird das Photonengas effektiv zweidimensional und es entsteht ein geeigneter Grundzustand für das Photonengas, der transversale Grundzustand.

Da durch die Photon-Photon-Streuung die Gesamtenergie des Photonengases erhalten bleibt (parametrischer Prozess), steht das Photonengas nicht im thermischen Gleichgewicht mit der Umgebung. Die Temperatur des Photonengases wird stattdessen indirekt durch die mittlere transversale Energie, bzw. die spektrale Breite, der Photonen eingestellt, die in den Resonator eingekoppelt werden. Auf diese Weise lässt sich dann im Prinzip das Tieftemperaturverhalten des Photonengases experimentell untersuchen. Da es sich hier um ein zweidimensionales wechselwirkendes homogenes Gas handelt, erwartet man eine enge Verwandtschaft zur Physik des Kosterlitz-Thouless-Phasenübergangs [73]. Aber auch unabhängig vom thermodynamischen Verhalten sollte das wechselwirkende Photonengas interessante Effekte zeigen, wie beispielsweise sich in transversaler Richtung ausbreitende Schallwellen in Licht. Eine experimentelle Beobachtung der angesprochenen Effekte steht bis heute, 10 Jahre nach dem ersten Vorschlag, noch aus. Es ist nicht völlig klar, worin genau die experimentelle Problematik besteht, aber es steht zu vermuten, dass die durch Vier-Wellen-Mischung induzierte Wechselwirkung zu schwach ist,

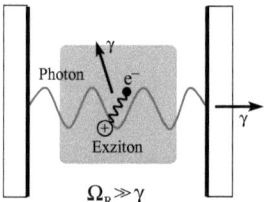

Abbildung 1.3: Kopplung von Exziton und Photon zum Exziton-Polariton.

um eine effektive Thermalisierung zu bewirken [14].

Exziton-Polaritonen in Halbleiter-Mikroresonatoren

Der zweite Ansatz zielt tatsächlich nicht unmittelbar auf die Thermodynamik von Licht ab, sondern entspringt eigentlich der Suche nach einer experimentellen Realisierung der Bose-Einstein-Kondensation im Festkörper. Bereits sehr früh wurde auf die Möglichkeit hingewiesen, dass Exzitonen, gebundene Elektron-Loch-Paare in Isolatoren bzw. Halbleitern zu einer Bose-Einstein-Kondensation fähig sein könnten [74, 75]. Exzitonen bilden sich dann, wenn durch Absorption eines Photons ein Elektron aus dem Valenzband eines Halbleiters in das Leitungsband gehoben wird, das negativ geladene Elektron aber durch Coulomb-Wechselwirkung mit dem positiv geladenen Loch gebunden bleibt. Für die so genannten Mott-Wannier Exzitonen beträgt diese Bindungsenergie typischerweise $\approx 10 - 100$ meV. Zwar haben sowohl das Elektron als auch das Loch fermionischen Charakter, das daraus zusammengesetzte Paar kann aber näherungsweise als bosonisch betrachtet werden.

Exziton-Polaritonen [76] entstehen dann, wenn ein Photon und ein Exziton stark miteinander koppeln. Damit ist ein kohärenter Energietransfer zwischen materieller und photonischer Anregung gemeint, bei dem die Anregung periodisch mit der Frequenz Ω_R zwischen Exziton und Photon ausgetauscht wird. Diese Oszillationen treten auf, wenn die Rabi-Frequenz Ω_R sehr viel größer ist die Dekohärenzrate γ. Dekohärenz verursachende Prozesse sind dabei z.B. Spiegelverluste, Phononen-Streuung, Spontanemission. Wenn also $\Omega_R \gg \gamma$, dann ist die Licht-Materie-Wechselwirkung nicht mehr störungstheoretisch behandelbar (so wie in Abschnitt 1.4) und man erhält neue Energieeigenzustände, die Exziton-Polaritonen. Die Exziton-Polaritonen sind nach wie vor bosonisch, besitzen aber eine deutlich geringere effektive Masse und Lebensdauer ($\simeq 1$ ps) als die Exzitonen selbst. Aufgrund ihres exzitonischen Anteils wechselwirken die Polaritonen untereinander. Diese Stoßprozesse können unter bestimmten Bedingungen einen Thermalisierungsprozess im Polaritonengas bewirken.

Es gibt mittlerweile eine Vielzahl von Experimenten, bei denen eine Kondensation von Exziton-Polaritonen beobachtet wurde [23–28, 77]. Ab einer gewissen Polaritonendichte findet eine makroskopische Besetzung eines einzelnen Polaritonen-Zustands statt, begleitet vom spontanen Auftreten von Kohärenz. Inwiefern diese Kondensation als Bose-Einstein-Kondensation zu bezeichnen ist, ist umstritten. Ein Grund dafür ist, dass die experimentellen Bedingungen in einem Zwischenbereich zwischen Gleichgewicht und Nicht-Gleichgewicht anzusiedeln sind. Hinzu kommt, dass die Wechselwirkungen zwischen den Polaritonen keineswegs klein sind und die Polaritonen, respektive ihr exzitonischer Anteil, eine nicht zu vernachlässigende interne Struktur besitzen [77]. Beide Aspekte weichen vom Szenario eines idealen bzw. schwach wechselwirkenden Bose-Gases ab.

1.4 Farbstoff-Mikroresonator Experiment

In diesem Abschnitt soll ein kurzer Überblick gegeben werden, auf welche Weise eine Bose-Einstein-Kondensation von Photonen in dieser Doktorarbeit realisiert wird. Eine genaue Beschreibung erfolgt in den nachfolgenden Kapiteln.

Im vorliegenden Experiment werden Photonen (grün-gelber Spektralbereich) in einem Farbstoff-Mikroresonator gefangen (Abb. 1.4). Der Mikroresonator besteht aus zwei hochreflektierenden, sphärisch gekrümmten, dielektrischen Spiegeln. Zwischen den Spiegeln befindet sich eine Farbstofflösung, die als Wärmebad für die Photonen dient. Durch mehrfache Fluoreszenz und Reabsorption gelangt das Photonengas in thermischen Kontakt mit dem Farbstoff, wobei es dessen Temperatur (Raumtemperatur) übernimmt. Die Details des Thermalisierungsprozesses werden in Kapitel 2 genauer diskutiert; an dieser Stelle seien nur einige Aspekte vorweg genommen. Die Thermalisierung des Photonengases geht letztlich auf den in der Farbstofflösung permanent vorhandenen stoßinduzierten Thermalisierungsprozess des rovibronischen Farbstoffzustands zurück. Der Rotations- und Vibrationszustand eines Farbstoffmoleküls wird durch Stöße mit Lösungsmittelmolekülen laufend verändert. Dieser Relaxationsprozess ist derart schnell ($< 10^{-12}$ s), dass sowohl die Absorption als auch die Emission eines Photons immer von einem thermisch equilibrierten rovibronischen Farbstoffzustand ausgeht. Eine Konsequenz daraus ist, dass die spektralen Verteilungen von Absorption $\alpha(\omega)$ und Fluoreszenz $f(\omega)$ durch den Boltzmann-Faktor miteinander verknüpft werden, $f(\omega)/\alpha(\omega) \propto \omega^3 \exp(-\hbar\omega/k_B T)$. Dieser Boltzmann-Faktor überträgt sich letztlich auch auf die spektrale Verteilung des Photonengases im Mikroresonator, womit das Photonengas seinerseits thermisch wird. Der Thermalisierungsprozess erhält dabei die Photonenzahl im zeitlichen Mittel. Ein Farbstoff-Molekül kann nämlich nur dann aus dem elektronisch angeregten Niveau emittieren, wenn zuvor ein Photon absorbiert wurde; eine rein thermische Anregung ist praktisch ausgeschlossen ($k_B T \ll \hbar\omega$). Anders als in einem Schwarzkörper wird die Photonenzahl also nicht durch die Temperatur des Farbstoffes eingestellt.

Der Abstand der Resonatorspiegel liegt im Mikrometerbereich ($D_0 \approx 1.46\,\mu\text{m}$) und ist damit nur wenige Lichtwellenlängen groß. Um trotzdem eine Reabsorption des Lichts durch den Farbstoff zu erreichen, muss mit sehr hohen Spiegelreflektivitäten (≥ 0.99997) und mit relativ hohen Farbstoffkonzentrationen (z.B. Rhodamin 6G, 1.5×10^{-3} Mol/l) gearbeitet werden. Die longitudinale Wellenzahl (Anzahl der Halbwellen zwischen den Spiegeln) beträgt typischerweise $q = 7$. Bei diesem Spiegelabstand wird der freie spektrale Bereich des Resonators (Abstand benachbarter Longitudinalmoden) etwa 100 nm groß und ist damit vergleichbar bzw. sogar größer als die spektrale Breite der Farbstoff-Fluoreszenz (Abb. 1.4a). Die Anwesenheit der Spiegel modifiziert die Spontanemission im Resonator so, dass angeregte Farbstoffmoleküle nahezu ausschließlich in Moden mit longitudinaler Modenzahl $q = 7$ emittieren. Die emittierten Photonen unterscheiden sich dann nur noch in ihren transversalen Modenzahlen. Auf diese Weise wird ein Bewegungsfreiheitsgrad der Photonen ausgefroren und das Photonengas dadurch effektiv zweidimensional. Das Ausfrieren von q schafft darüber hinaus einen nicht-trivialen Grundzustand für die Photonen, also einen Zustand niedrigster Frequenz, den transversalen Grundmoden TEM_{q00}. Der Thermalisierungsprozess bewirkt nun, dass sich die Photonen auf die transversal angeregten Moden verteilen (Abb. 1.4a); und zwar so, dass die mittlere transversale Energie von der Größenordnung $k_B T$ ist. Anders formuliert: Wenn die Temperatur der Farbstofflösung hoch ist, dann sind die Photonen transversal hoch angeregt und propagieren unter einem vergleichsweise großen Winkel zur optischen Achse im Resonator; wenn die Farbstofflösung kalt ist, dann ist die mittlere transversale Anregung der Photonen klein und die Photonen zirkulieren annähernd achsparallel im Resonator. Quantitativ gesehen sollte die Besetzung der Resonatormoden im thermischen Gleichgewicht durch eine Bose-Einstein-Verteilung charakterisiert sein. Dies bestätigt sich auch experimentell.

Formal ist das System äquivalent zum zweidimensionalen, idealen Bose-Gas in einem harmonischen Fallenpotential. Die Photonen können als (nicht-relativistische) Teilchen mit Masse $m_{ph} = \hbar\omega_0/(c/n)^2$ aufgefasst werden, die sich in der Resonatorebene bewegen. Dabei sind ω_0 die Kreisfrequenz des transversalen Grundzustands und c/n die Lichtgeschwindigkeit in der Farbstofflösung (Brechungsindex n). Darüber hinaus führt die Krümmung der Spiegel formal ein Fallenpotential mit Fallenfrequenz $\Omega = (c/n)(D_0 R/2)^{-\frac{1}{2}}$ ein, das die Bewegung der Photonen in der Resonatorebene beschränkt (angedeutet auf der linken Seite in Abb. 1.4b). D_0 ist dabei der Spiegelabstand und R der Krümmungsradius. Wie in Abschnitt 1.1 bereits erwähnt, sagt die Theorie für das zweidimensionale, ideale Bose Gas in einer Falle eine Bose-Einstein-Kondensation bei niedrigen Temperaturen oder hohen Teilchenzahlen voraus [33, 78–80]. Die experimentellen Untersuchungen dieser Arbeit bestätigen das: Ab einer bestimmten, für die Bose-Einstein-Kondensation charakteristischen Photonenzahl, kann eine Sättigung der transversalen Anregungszustände festgestellt werden, die von einer einsetzenden makroskopischen Besetzung des transversalen Grundzustands begleitet wird.

Anders als in den Polaritonen-Experimenten findet im Farbstoff-Mikroresonator trotz der vorhandenen Reabsorption keine starke Kopplung zwischen den Photonen und den Farbstoffmolekülen statt. Die permanenten Stöße der Lösungsmittelmoleküle, bei Raumtemperatur alle 10^{-15} s, führen zu einer raschen Dekohärenz des Farbstoffzustands (in etwa auf der gleichen Zeitskala wie die Stöße selbst) [54, 81], so dass ein kohärenter Energieaustausch zwischen photonischer und materieller Anregung verhindert wird. Die Freiheitsgrade bleiben dann in

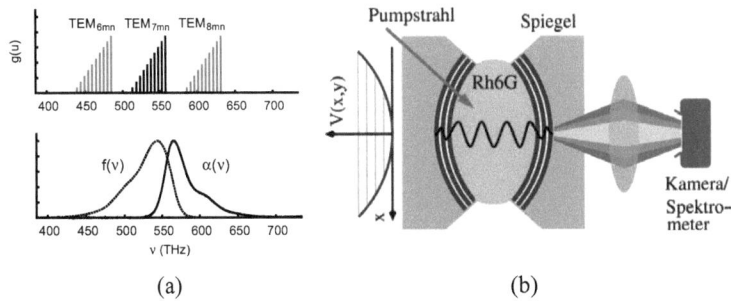

Abbildung 1.4: Experimentelles Schema. (a) Resonanzen des Mikroresonators (oben) und relative Absorptions- $\alpha(\nu)$ bzw. Fluoreszenzstärke $f(\nu)$ von Rhodamin 6G (unten). Die Höhe der Balken im oberen Diagramm gibt die Entartung der Photonenenergie an. Die Fluoreszenz innerhalb des Mikroresonators erzeugt nur Photonen mit longitudinaler Wellenzahl $q = 7$ (schwarze Balken), womit dieser Freiheitsgrad ausfriert und effektiv ein zweidimensionales Photonengas entsteht. (b) Schematischer Aufbau des Farbstoff-Mikroresonators. Durch die Krümmung der Spiegel wird ein Fallenpotential in der transversalen Ebene erzeugt (angedeutet am linken Rand). Transversal hoch angeregtes Licht (grün) verlässt den Resonator unter einem großen Winkel zur optischen Achse, transversal niedrig angeregtes (gelb) hat hingegen eine geringe räumliche Divergenz.

guter Näherung entkoppelt und die Licht-Materie-Wechselwirkung kann störungstheoretisch, d.h. durch Ratengleichungen, behandelt werden. Zu einem bestimmten Zeitpunkt befinden sich dann also eine bestimmte Zahl von Photonen N_{ph} und eine bestimmte Zahl von elektronisch angeregten Farbstoffmolekülen N_{exc} im Mikroresonator. In einem stationären Zustand (kein Netto-Teilchenfluss) sind diese Teilchenzahlen durch die Lebensdauern miteinander verknüpft $N_{exc}/N_{ph} \simeq \tau_{exc}/\tau_{ph}$. Die Lebensdauer der Photonen ist durch die mittlere Zeit zwischen Fluoreszenz und Reabsorption gegeben und entspricht unter typischen experimentellen Bedingungen $\tau_{ph} \approx 20\,\text{ps}$. Die Lebensdauer der elektronisch angeregten Farbstoffmoleküle liegt dagegen näherungsweise im Nanosekunden-Bereich. Das bedeutet, dass es im stationären Zustand etwa $10^1 - 10^2$ mal mehr angeregte Moleküle als Photonen im Resonator gibt. Diese experimentelle Situation lässt sich am besten durch ein großkanonisches Ensemble modellieren. Im großkanonischen Ensemble tauscht das Photonengas permanent Teilchen und Energie mit einem deutlich größeren Reservoir aus. Die Frage nach dem geeigneten statistischen Ensemble ist von Bedeutung, weil die Teilchenzahlfluktuationen in den verschiedenen Ensembles selbst im thermodynamischen Limes stark unterschiedlich sind, was sich auf die zu erwartenden Kohärenzeigenschaften des Lichts auswirken kann.

Kapitel 2

Fluoreszenzinduzierter Thermalisierungsprozess

Bereits im vorangegangenen Kapitel wurde dargestellt, dass die Thermalisierung der transversalen Freiheitsgrade der Photonen durch einen thermischen Kontakt mit der Farbstofflösung verursacht wird. Der thermische Kontakt selbst wird durch mehrfache Absorption und Fluoreszenz hergestellt. Anders als bei den Oszillatoren in den Wänden eines Schwarzkörpers wird bei der Fluoreszenz die Population des elektronisch angeregten Farbstoffzustands nicht durch die Temperatur beeinflusst, was zumindest prinzipiell den Erhalt der Photonenzahl bei diesem Prozess garantiert (vgl. Abschnitt 1.1). Wir werden den Thermalisierungsprozess nun im Detail untersuchen. Zu Beginn sollen einige generelle Eigenschaften der Fluoreszenz rekapituliert werden.

2.1 Kennard-Stepanov Theorie der Farbstoffspektren

Aus frühen experimentellen Arbeiten ist bekannt, dass Farbstoffspektren gewisse „universelle" Eigenschaften aufweisen wie beispielsweise [82–84]

- die Spiegelbild-Regel, die besagt, dass das Emissionsspektrum typischerweise das Spiegelbild des Absorptionsspektrum ist,

- die Stokes-Verschiebung, die besagt, dass der Schwerpunkt der Emission bei längeren Wellenlängen liegt als der der Schwerpunkt der Absorption,

- die Regel von Kasha (englisch „Kasha's rule") [85], die besagt, dass die Fluoreszenz nicht von der anregenden Lichtwellenlänge abhängt. Diese Regel ist eng verwandt mit der Regel von Vavilov, nach der die Quantenausbeute ebenfalls unabhängig von der Wellenlänge des anregenden Lichts ist.

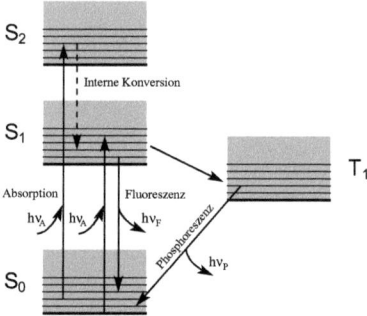

Abbildung 2.1: Schematische Darstellung eines Farbstoffmoleküls - das Jablonski-Diagramm.

Diese allgemeinen Eigenschaften deuten darauf hin, dass der Fluoreszenzprozess in allen Farbstoffmolekülen ähnlich abläuft. Ein Großteil dieser Eigenschaften kann als Konsequenz eines stoßinduzierten Thermalisierungsprozesses innerhalb eines metastabilen, elektronisch angeregten Niveaus des Farbstoffmoleküls erklärt werden [82]. Ein idealisiertes Farbstoffmolekül besteht dabei aus einem Grundzustand (S_0) und mehreren elektronisch angeregten Zuständen ($S_{1,2,...}$), wobei jedes Niveaus in eine Vielzahl von Vibrations- und Rotationszuständen aufspaltet (schattierte Bereiche in Abb. 2.1). Der Vibrations- und Rotationszustand wird durch Stöße mit den Lösungsmittelmolekülen (alle 10^{-15} s bei Raumtemperatur) permanent verändert. Im thermischen Gleichgewicht stellt sich dann durch ein Zusammenspiel von Temperatur und Zustandsdichte ein bestimmtes mittleres rovibronisches Energieniveau ein. Wird ein Photon absorbiert, so kann das Farbstoffmolekül vom S_0-Zustand in einen hoch angeregten rovibronischen Zustand des S_1-Niveaus versetzt werden. Durch Lösungsmittelstöße wird diese überschüssige kinetische Energie aber sehr schnell in das Lösungsmittelbad dissipiert. Unter typischen Bedingungen hat die Dissipation eine Zeitskala von 1 ps, ist also viel kürzer als die Lebensdauer des angeregten Zustands ($\approx$ 1 ns). Die Fluoreszenz erfolgt dann von einem equilibrierten rovibronischen Energieniveau des S_1-Zustands in den elektronischen Grundzustand. Dieser Thermalisierungsprozess, der sowohl im elektronisch angeregten Zustand als auch im Grundzustand auftritt, ist verantwortlich dafür, dass bei der Fluoreszenz typischerweise Energie dissipiert wird (Stokes-Verschiebung) und keine Korrelation zwischen den Wellenlängen absorbiertem und fluoresziertem Photon bestehen bleiben (Regel von Kasha).

Es gibt eine weitere wichtige Konsequenz: Durch den Thermalisierungsprozess werden Absorptions- und Fluoreszenzspektrum durch den Boltzmann-Faktor miteinander verknüpft

$$\frac{f(\omega)}{\alpha(\omega)} \propto \omega^3 \exp\left(-\hbar\omega/k_\mathrm{B}T\right) \qquad (2.1)$$

wobei $\alpha(\omega)$ der Absorptionskoeffizient und $f(\omega)$ die (mittlere) emittierte Energie pro Frequenzintervall (spektrale Energiedichte) pro Fluoreszenzprozess ist. Dieser Zusammenhang wurde bereits 1918 von Kennard [86, 87] erkannt und später von anderen unabhängig wiederentdeckt [88, 89] bzw. weitergehend untersucht [90–94]. Bei der folgenden Herleitung folgen wir [95] und legen das idealisierte Farbstoffschema bestehend aus den beiden Niveaus S_0 und S_1 aus Abb. 2.1 zu Grunde. Elektronischer Grundzustand und angeregter Zustand bilden ein Zwei-Niveau-System mit Energiedifferenz $\hbar\omega_0$, wobei beide Niveaus in eine Vielzahl von rovibronischen Zuständen aufspalten. Absorptionskoeffizient und Fluoreszenzstärke können als Summe über die Beträge der einzelnen energetischen Subniveaus dargestellt werden. Das führt zu einem Koeffizientenverhältnis

$$\frac{f(\omega)}{\alpha(\omega)} \propto \frac{\int g'(e')p(e')A(e',\omega)\,de'}{\int g(e)\exp(-e/k_BT)B(e,\omega)\,de} \tag{2.2}$$

wobei e und e' energetische Subniveaus von Grundzustand bzw. angeregtem Zustand, $p(e')$ die Verteilungsfunktion der Subniveaus des angeregten Zustands, $g'(e')$ bzw. $g(e)$ die rovibronischen Zustandsdichten und $A(e',\omega)$ bzw. $B(e,\omega)$ die Einstein-Koeffizienten sind. Die Einstein-Koeffizienten für Subniveaus, die die Resonanzbedingung $\hbar\omega + e = \hbar\omega_0 + e'$ erfüllen, sind miteinander durch die A-B-Relation [95]

$$g'(e')A(e',\omega)\,de' = \frac{2\hbar\omega^3}{\pi c^2}g(e)B(e,\omega)\,de \tag{2.3}$$

verknüpft. Nimmt man nun an, dass der Thermalisierungsprozess im angeregtem Niveau abgeschlossen ist bevor es zur Fluoreszenz kommt, dann ist die entsprechende Verteilungsfunktion der Boltzmann-Faktor

$$p(e') = \exp(-e'/k_BT) \tag{2.4}$$

so wie wir es bereits für die Verteilungsfunktion des Grundzustands vorausgesetzt haben. Werden nun die Gleichungen (2.3), (2.4) in (2.2) eingesetzt, ergibt sich:

$$\frac{f(\omega)}{\alpha(\omega)} \propto \frac{2\hbar\omega^3}{\pi c^2}\exp\left(-\frac{e'-e}{k_BT}\right) = \frac{2\hbar\omega^3}{\pi c^2}\exp\left(-\frac{\hbar(\omega-\omega_0)}{k_BT}\right) \tag{2.5}$$

Das ist das Gesetz von Kennard und Stepanov. Experimentell ist das Kennard-Stepanov Gesetz gut bestätigt [96]. Allerdings zeigen viele Farbstoffe mehr oder weniger starke Abweichungen im Detail. Interessanterweise sind die Prozesse, die zu solchen Abweichungen führen, bis heute nicht zweifelsfrei identifiziert. Ein Diskussion dieser Thematik findet sich in Abschnitt 2.4.

2.2 Thermisches Gleichgewicht und Markov-Prozesse

Zur Vorbereitung der Diskussion des Thermalisierungsprozesses erfolgt nun ein Abschnitt über die Charakterisierung des thermischen Gleichgewichts durch einen Markov-Prozess. Ist ein physikalisches System im thermischen Gleichgewicht, tritt jede Konfiguration mit dem statistischen

Gewicht ihres Boltzmann-Faktors auf. Diese Eigenschaft lässt sich anhand eines Markovschen Prozess veranschaulichen. Dazu wird ein Zufallsweg („random walk") im Konfigurationsraum betrachtet [97, 98], wobei die Nachfolgekonfiguration nur von der momentanen Konfiguration und festgelegten Übergangsraten abhängt, nicht aber von den Vorgängerkonfigurationen (Prozess „ohne Gedächtnis"). Sei $p_K(t)$ die Wahrscheinlichkeit (bei Mittelung über viele Zufallswege) die Konfiguration K zum Zeitpunkt t zu finden. Die zeitliche Änderung von $p_K(t)$ ist die Differenz aus Wahrscheinlichkeitszuflüssen und -abflüssen (Mastergleichung)

$$p_K(t+1) - p_K(t) = \sum_{K'} p_{K'}(t)\, R(K' \to K) - \sum_{K'} p_K(t)\, R(K \to K') \qquad (2.6)$$

wobei die Koeffizienten $R(K \to K')$ bestimmte Übergangswahrscheinlichkeiten festlegen. Das Ziel ist es, diejenigen Übergangswahrscheinlichkeiten zu finden, die in ein thermisches Gleichgewicht führen, also $p_K(t \to \infty) = \exp(-E_K/k_\mathrm{B}T)/Z$ mit Z als der Zustandssumme. Die asymptotische Mastergleichung ($t \to \infty$) für diesen Fall ist

$$0 = \sum_{K'} \exp(-E_{K'}/k_\mathrm{B}T)\, R(K' \to K) - \sum_{K'} \exp(-E_K/k_\mathrm{B}T)\, R(K \to K') \qquad (2.7)$$

Gleichung (2.7) hat viele Lösungen; eine davon zeichnet sich dadurch aus, dass es zwischen zwei beliebigen Konfigurationen keinen Netto-Wahrscheinlichkeitsfluss gibt (detailliertes Gleichgewicht):

$$0 = \exp(-E_{K'}/k_\mathrm{B}T)\, R(K' \to K) - \exp(-E_K/k_\mathrm{B}T)\, R(K \to K') \quad \forall K, K' \qquad (2.8)$$

bzw.

$$\frac{R(K \to K')}{R(K' \to K)} = \exp(-\Delta E/k_\mathrm{B}T) \quad \forall K, K' \qquad (2.9)$$

mit der Energiedifferenz $\Delta E = E_{K'} - E_K$. Erfüllen also die Übergangswahrscheinlichkeiten $R(K \to K')$ die Gleichung (2.9), ist das ein hinreichendes Kriterium dafür, dass der Markov-Prozess den Zustand des Systems in ein thermisches Gleichgewicht überführt.

2.3 Thermalisierungsprozess

Angenommen man konstruiert einen Hohlraumstrahler aus perfekt reflektierenden Wänden, gefüllt mit einer Farbstofflösung, wie in Abb. 2.2 gezeigt. Der Hohlraum werde von einer Seite (Punkt A) mit Laserlicht bestrahlt. Wie sieht dann das Spektrum des Lichts aus, das den Farbstoffbehälter am anderen Ende (Punkt B) verlässt? Sofern der Farbstoffbehälter und die Farbstoffkonzentration hinreichend groß sind, wird die durch den Laser erzeugte primäre Fluoreszenz durch den Farbstoff erneut absorbiert und fluoresziert. Die Photonen am anderen Ende des Behälters werden also mehrere Absorptions-Fluoreszenzzyklen durchlaufen haben. Experimentell kann man feststellen, dass das Spektrum im Vergleich zum Fluoreszenzspektrum des Farbstoffs deutlich rotverschoben ist (in der Fluoreszenzspektroskopie wird das als Innerer-Filter-Effekt, im Englischen „inner filter effect", bezeichnet).

In diesem Abschnitt soll gezeigt werden, dass die Rotverschiebung der Fluoreszenz am Ort B als Folge eines Thermalisierungsprozesses verstanden werden kann: Durch den Kontakt mit der Farbstofflösung wird der Zustand des Photonengases asymptotisch in einen thermischen Zustand überführt, d.h. es würde sich prinzipiell nach vielen vollständigen Zyklen die Schwarzkörperstrahlung bei Raumtemperatur ergeben. Die bei der Rotverschiebung rasch abnehmende Reabsorptionswahrscheinlichkeit (sinkender Absorptionskoeffizient für längerwellig werdendes Licht) lässt aber die Farbstofflösung für das Licht zunehmend transparent werden, so dass der thermische Kontakt abbricht und die Thermalisierung unvollständig bleibt. Solch ein unvollständiger Thermalisierungsprozess findet z.B. in Solarkonzentratoren statt [37]. Wir wollen das Problem im Folgenden recht allgemein behandeln.

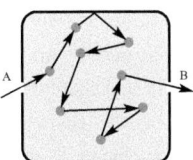

Abbildung 2.2:

Um die Mehrfachstreuung von Photonen an Farbstoffmolekülen zu analysieren, kann man sie als Markov-Prozess modellieren. Der Zustand des Strahlungsfeldes wird durch Absorption und Fluoreszenz permanent zufällig verändert, wobei die spektralen Absorptions- und Fluoreszenzeigenschaften des Mediums bestimmte Übergangswahrscheinlichkeiten für den Zufallsweg festlegen. Wir betrachten nun zwei Konfigurationen P, Q des Strahlungsfeldes, wobei Q aus P durch Absorption eines Photons in Mode i und Fluoreszenz eines Photons in Mode j (mit $i \neq j$) hervorgeht:

$$P = \left| n_0^P, n_1^P, \ldots, n_i^P \quad, \ldots, n_j^P \quad, \ldots \right\rangle \tag{2.10}$$

$$\begin{aligned} Q &= \left| n_0^Q, n_1^Q, \ldots, n_i^Q \quad, \ldots, n_j^Q \quad, \ldots \right\rangle \\ &= \left| n_0^P, n_1^P, \ldots, n_i^P - 1, \ldots, n_j^P + 1, \ldots \right\rangle \end{aligned} \tag{2.11}$$

Hierbei bezeichnet beispielsweise n_i^P die Anzahl der Photonen in Mode i im Zustand P; analog sind die anderen Besetzungszahlen zu interpretieren. Für die Übergangsraten $R(P \to Q)$, $R(Q \to P)$ werden folgende Proportionalitäten angenommen:

$$R(P \to Q) \propto n_i^P \, \alpha(\omega_i) \times (n_j^P + 1) \frac{f(\omega_j)}{\hbar \omega_j \tilde{g}(\omega_j)} \tag{2.12}$$

$$R(Q \to P) \propto n_j^Q \alpha(\omega_j) \times (n_i^Q + 1) \frac{f(\omega_i)}{\hbar \omega_i \tilde{g}(\omega_i)}$$
$$\propto (n_j^P + 1) \alpha(\omega_j) \times n_i^P \frac{f(\omega_i)}{\hbar \omega_i \tilde{g}(\omega_i)} \tag{2.13}$$

Die durch die Gleichungen (2.12), (2.13) gegebenen Raten berücksichtigen stimulierte Absorption sowie stimulierte und spontane Emission. Darüber hinaus gehen die optischen Eigenschaften des Mediums ein: $\alpha(\omega)$ ist der Absorptionskoeffizient des Mediums, $f(\omega)$ ist die (mittlere) spektrale Energiedichte pro Fluoreszenzprozess in den freien Raum. Die Normierung auf $\hbar\omega\tilde{g}(\omega)$ entfernt dabei die Zustandsdichte $\tilde{g}(\omega) = \omega^2/\pi^2 c^3$ und Energie $\hbar\omega$. Der Faktor $f(\omega)/\hbar\omega\tilde{g}(\omega)$ ist also die spektrale Photonenemissions-Wahrscheinlichkeitsdichte pro Mode.

Das Verhältnis der Übergangsraten ist:

$$\frac{R(P \to Q)}{R(Q \to P)} = \frac{n_i^P \alpha(\omega_i)(n_j^P + 1)f(\omega_j)/\omega_j^3}{(n_j^P + 1)\alpha(\omega_j) n_i^P f(\omega_i)/\omega_i^3} = \frac{\alpha(\omega_i) f(\omega_j) \omega_i^3}{\alpha(\omega_j) f(\omega_i) \omega_j^3} \tag{2.14}$$

Durch Vergleich mit dem Kriterium aus Gleichung (2.9) ergibt sich eine hinreichende Bedingung für die Thermalisierung des Strahlungsfeldes

$$\frac{\alpha(\omega_i) f(\omega_j) \omega_i^3}{\alpha(\omega_j) f(\omega_i) \omega_j^3} = \exp(-\hbar(\omega_j - \omega_i)/k_B T) \quad \forall i,j \tag{2.15}$$

oder gleichbedeutend:

$$\frac{\alpha(\omega) f(\omega + \Delta\omega)}{\alpha(\omega + \Delta\omega) f(\omega)} \frac{\omega^3}{(\omega + \Delta\omega)^3} = \exp(-\hbar\Delta\omega/k_B T) \quad \forall \omega, \Delta\omega \tag{2.16}$$

Weil jeder Übergang durch eine Kombination von mehreren Übergängen ersetzt werden kann, ist Gleichung (2.16) bereits dann für alle $\Delta\omega$ erfüllt wird, wenn sie für beliebig kleine Frequenzänderungen $\Delta\omega \to 0$ gültig ist. Es ist nun hilfreich, eine spektrale Temperatur als Lösung von (2.16) zu definieren

$$T_{\text{spec}}(\omega, \Delta\omega) = \frac{\hbar\Delta\omega}{k_B \ln\left(\frac{\alpha(\omega + \Delta\omega) f(\omega)}{\alpha(\omega) f(\omega + \Delta\omega)} \frac{(\omega + \Delta\omega)^3}{\omega^3}\right)} \tag{2.17}$$

bzw. für $\Delta\omega \to 0$:

$$T_{\text{spec}}(\omega) = \frac{\hbar}{k_B} \left(\frac{\partial}{\partial\omega} \ln\left(z^{-1} \alpha(\omega) f(\omega)^{-1} \omega^3\right)\right)^{-1} \tag{2.18}$$

Der Normierungsfaktor z in Gleichung (2.18) hat dabei nur die Aufgabe das Argument des Logarithmus dimensionslos zu machen (z.B. $z = \alpha(\omega_0) f(\omega_0)^{-1} \omega_0^3$ für ein beliebiges ω_0). Erfüllt ein Medium das detaillierte Gleichgewicht, d.h. $T_{\text{spec}}(\omega) = T$, dann strebt Licht, das mit diesem Medium im thermischen Kontakt steht, einen thermischen Zustand an bzw. das Licht übernimmt die Temperatur des Mediums. Durch Einsetzen von Gleichung (2.1) in Gleichung (2.18) ist leicht zu verifizieren, dass das für Farbstoffe, die dem Kennard-Stepanov Gesetz folgen, der Fall ist. Formal ist das detaillierte Gleichgewicht im übrigen bereits dann erfüllt, wenn keine Frequenzabhängigkeit mehr besteht, $T_{\text{spec}}(\omega) = \hat{T}$, wobei sich im allgemeinen die spektrale Temperatur auch von der thermodynamischen Temperatur des Farbstoffs unterscheiden kann, $\hat{T} \neq T$. Auch in diesem Fall würde das Photonengas einen thermischen Zustand anstreben, allerdings bei einer anderen Temperatur als der des Mediums. Dass Photonengas und Farbstoff im thermischen Gleichgewicht unterschiedliche Temperaturen haben könnten, scheint auf den ersten Blick thermodynamische Hauptsätze zu verletzen und damit unphysikalisch zu sein. Im Abschnitt 3.4 wird dieser Aspekt aber noch genauer diskutiert.

Die Korrektur der Zustandsdichte bzw. Photonenenergie $\omega^3/(\omega + \Delta\omega)^3$ in Gleichung (2.16) hat, praktisch gesehen, einen zu vernachlässigenden Einfluss auf die spektrale Temperatur. Betrachtet man beispielsweise die linearen Anteile in $\Delta\omega$

$$\begin{aligned}
\omega^3/(\omega + \Delta\omega)^3 &= 1 - \tfrac{3}{\omega} \Delta\omega + \mathcal{O}(\Delta\omega^2) \\
\exp(-\hbar\Delta\omega/k_B T) &= 1 - \tfrac{\hbar}{k_B T} \Delta\omega + \mathcal{O}(\Delta\omega^2)
\end{aligned}$$

erhält man ein Steigungsverhältnis von $\tfrac{\hbar}{k_B T}/\left(\tfrac{3}{\omega}\right) = \tfrac{\hbar\omega}{3k_B T} \approx 31$ für grünes Licht ($\lambda = 532\,\text{nm}$) und $T = 300\,\text{K}$. Das bedeutet, dass der Anteil der Zustandsdichte-Korrektur an der spektralen Temperatur tatsächlich nur wenige Prozent ausmacht.

Das Beispiel des eingangs erwähnten Farbstoff-Hohlraumstrahlers zeigt darüber hinaus, dass eine vollständige Thermalisierung nur dann erreicht werden kann, wenn es eine untere Grenze der Photonenenergie gibt, bei der noch ein ausreichender thermischer Kontakt mit dem Farbstoff durch Reabsorption bestehen bleibt. Wie bereits in Abschnitt 1.4 geschildert, wird das im Mikroresonator-Experiment, das dieser Arbeit zu Grunde liegt, dadurch erreicht, dass die Spontanemission im Resonator nur an Moden mit einer bestimmten longitudinalen Modenzahl q ankoppelt, wodurch der transversale Grundzustand TEM$_{q00}$ zur Energieuntergrenze wird. Es ist deshalb angebracht zu untersuchen, ob die veränderte Spontanemission in einem Mikroresonator möglicherweise Auswirkungen auf das thermische Gleichgewicht zwischen Photonen und Farbstoffmolekülen hat.

Die Übergangsraten (2.12), (2.13) müssen dazu so erweitert werden, dass allgemeinere Feldverteilungen und endliche Resonator-Linienbreiten berücksichtigt werden können. Die Moden i, j haben jetzt (normierte) Feldverteilungen $\vec{u}_i(\vec{r})$ bzw. $\vec{u}_j(\vec{r})$ und Linienbreiten $\delta\omega_i$ bzw. $\delta\omega_j$. Dann sind die Übergangsraten zwischen den Konfigurationen P und Q gegeben durch:

$$R(P \to Q) \propto \int n_i^P |\vec{u}_i(\vec{r})|^2 \, \alpha(\omega_i) \\
\times (n_j^P + 1) |\vec{u}_j(\vec{r})|^2 \, \frac{f(\omega_j)\delta\omega_j}{\hbar\omega_j \tilde{g}(\omega_j)} \, P_j \; dV \qquad (2.19)$$

$$R(Q \to P) \propto \int (n_j^P + 1) |\vec{u}_j(\vec{r})|^2 \alpha(\omega_j)$$
$$\times n_i^P |\vec{u}_i(\vec{r})|^2 \frac{f(\omega_i)\delta\omega_i}{\hbar\omega_i \tilde{g}(\omega_i)} P_i \, dV \qquad (2.20)$$

Um alle möglichen Orte $\vec{r}$ der Absorption zu berücksichtigen, wird über das gesamte Resonatorvolumen integriert. Den endlichen Linienbreiten wird durch $f(\omega_{i,j}) \to f(\omega_{i,j})\delta\omega_{i,j}$ Rechnung getragen. Darüber hinaus wurden die Faktoren P_i und P_j eingeführt, die die Raten der Emission modifizieren, aber zunächst noch unbestimmt bleiben. Damit die Übergangsraten in ein thermisches Gleichgewicht führen, muss das Ratenverhältnis $R(P \to Q)/R(Q \to P)$ dem Boltzmann-Faktor der Energiedifferenz entsprechen:

$$\frac{R(P \to Q)}{R(Q \to P)} = \frac{\alpha(\omega_i)f(\omega_j)\omega_i^3}{\alpha(\omega_j)f(\omega_i)\omega_j^3} \frac{\delta\omega_j P_j}{\delta\omega_i P_i} \overset{!}{=} \exp(-(\omega_j - \omega_i)/k_\mathrm{B}T) \qquad (2.21)$$

Wie nehmen nun an, dass das Medium durch eine spektrale Temperatur $T_\mathrm{spec}(\omega) = T$, bzw. Gleichung (2.15), charakterisiert ist. Dann reduziert sich Gleichung (2.21) auf:

$$\frac{\delta\omega_j P_j}{\delta\omega_i P_i} \overset{!}{=} 1 \qquad (2.22)$$

Wird weiterhin angenommen, dass die Linienbreiten durch den freien Spektralbereich und die Finesse gegeben sind, $\delta\omega_{i,j} = 2\pi\Delta\nu_\mathrm{FSR}/F_{i,j}$, dann erhält man:

$$\frac{F_j^{-1} P_j}{F_i^{-1} P_i} \overset{!}{=} 1 \qquad (2.23)$$

Weil die beiden Finesse-Werte F_i, F_j unabhängig voneinander sind, gibt es nur eine Lösung für die Faktoren P_i, P_j, die zu einem thermischen Gleichgewicht des Photonengases führt, nämlich:

$$P_i \propto F_i \quad \text{und} \quad P_j \propto F_j \qquad (2.24)$$

Die Faktoren P_i, P_j sind also proportional zur Finesse des jeweiligen Moden (mit gleicher Proportionalitätskonstante) und entsprechen damit im wesentlichen dem Purcell-Faktor aus Abschnitt 1.2. Die im Mikroresonator zirkulierende Strahlung gelangt also nur dann ins thermische Gleichgewicht bzw. sie stört nur dann *nicht* das thermische Gleichgewicht der Farbstoffmoleküle, wenn die Fluoreszenz durch den Purcell-Faktor modifiziert wird. Eine durch den Resonator modifizierte Emission ist damit sogar Voraussetzung für das Gleichgewicht zwischen Photonen und Molekülen.

2.4 Spektrale Temperatur

Betrachten wir nun einige reale spektrale Temperaturkurven als Funktion der Wellenlänge $T_\text{spec}(\lambda)$. Die Farbstoffe in der linken Spalte von Abb. 2.3 erfüllen in guter Näherung $T_\text{spec}(\lambda) = T$, während die Farbstoffe in der rechten Spalte teilweise recht erheblich davon abweichen. Die Abweichungen finden bei den gezeigten Beispielen immer „nach oben" statt, d.h. hin zu höheren Temperaturen als die Umgebungstemperatur $T_\text{spec}(\lambda) > T$. Eine systematische Analyse von ca. 150 Farbstoffen der Farbstoff-Datenbank [99] bestätigt dieses Verhalten. Wenn es zu Abweichungen der spektralen Temperatur $T_\text{spec}(\lambda)$ von der Raumtemperatur kommt, dann nahezu ausnahmslos nach oben. Entsprechende Aussagen sind auch in der Literatur zu finden [92, 96]. In diesem Abschnitt sollen nun mögliche Prozesse diskutiert werden, die zu einer Abweichung von thermodynamischer und spektraler Temperatur führen können.

Naheliegend wäre es, die Abweichungen als Folge eines unvollständigen Thermalisierungsprozesses des vibronischen Farbstoffzustands zu interpretieren, bei dem keine Boltzmann-artige Verteilungsfunktion $p(e')$, Gleichung (2.4), etabliert wird. Die Thermalisierungszeiten ($\approx 10^{-12}$ s) sind typischerweise aber klar kürzer als die Lebensdauern ($\approx 10^{-9}$ s), so dass diese Erklärung nur im Einzelfall zutreffen kann. In der Literatur finden sich im wesentlichen zwei verschiedene Erklärungsansätze. Von manchen Autoren wird die spektrale Temperatur als eine real existierende, mittlere Temperatur des fluoreszierenden Moleküls interpretiert [96, 100]; dieser Ansatz, der als „warme Fluoreszenz" bezeichnet wird, stößt aber durchaus auf Kritik [92]. Der andere in der Literatur vertretende Erklärungsansatz kann durch das Schlagwort „inhomogene Verbreiterung" zusammengefasst werden [92, 95, 101, 102]. Damit ist gemeint, dass ein Farbstoff aus verschiedenen (zwei, mehrere oder „kontinuierlich viele") Molekülsorten zusammengesetzt sein könnte, die verschobene Absorptions-/Fluoreszenzprofile besitzen.

Im Folgenden wird nun genauer untersucht, welche Konsequenzen sich aus diesem zweiten Ansatz ergeben, bei dem von einer „Mischung" unterschiedlicher Molekülsorten ausgegangen wird. Zunächst einmal ist festzuhalten, dass eine bloße Mischung von verschiedenen Molekülsorten (Spezies), auch wenn sich ihre Spektren unterscheiden, noch keine Abweichungen zwischen spektraler und thermodynamischer Temperatur bewirkt. Sofern jede Spezies für sich genommen das detaillierte Gleichgewicht $T_\text{spec}(\omega) = T$ erfüllt, gilt das nämlich auch für die Mischung. Das lässt sich einerseits rechnerisch leicht verifizieren, ist andererseits aber auch physikalisch naheliegend. Die Situation wird erst dann komplizierter, wenn man (chemische) Umwandlungen zwischen den Molekülsorten zulässt. Betrachten wir also zwei verschiedene Molekülsorten, die durch Überwindung eines Aktivierungsniveaus $E_{1\rightleftharpoons 2}$ ineinander umgewandelt werden können (siehe Abb. 2.4). Die dazu notwendige Energie werde durch thermische Fluktuationen bereitgestellt (Arrhenius-Dynamik [103]).

Im Folgenden werden zwei verschiedene Grenzfälle diskutiert: Im ersten Szenario, das an eine Arbeit von Sawicki und Knox angelehnt ist [95], ist die chemische Umwandlung zwischen den beiden Molekülsorten relativ langsam verglichen mit der Lebensdauer des elektronisch ange-

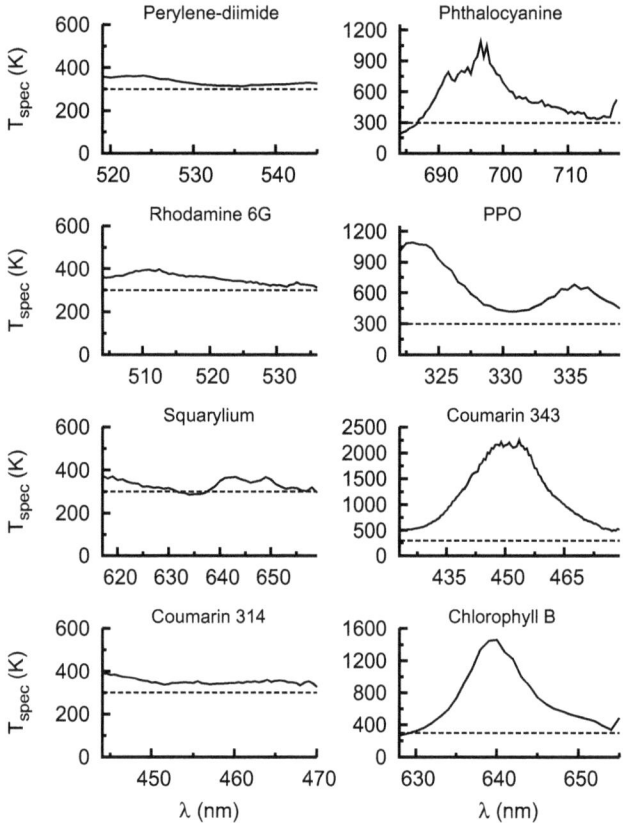

Abbildung 2.3: Spektrale Temperaturen $T_{\text{spec}}(\lambda)$ (Gleichung 2.17) für verschiedene Farbstoffe bei Raumtemperatur, erstellt mit den Spektren aus Referenz [99]. Am genauesten lässt sich T_{spec} in der Stokes-Region ermitteln, da hier sowohl Absorption $\alpha(\lambda)$ und Fluoreszenz $f(\lambda)$ gleichzeitig recht stark und dementsprechend genau messbar sind. Die in der Referenz genannten Quanteneffizienzen für die verschiedenen Farbstoffe sind: Perylendiimid: $\Phi = 0.97$, Rhodamin 6G: $\Phi = 0.95$, Squarylium: $\Phi = 0.65$, Coumarin 314: $\Phi = 0.68$, Phthalocyanine: $\Phi = 0.60$, PPO: $\Phi \approx 1$, Coumarin 343: $\Phi = 0.63$, Chlorophyll B: $\Phi = 0.117$.

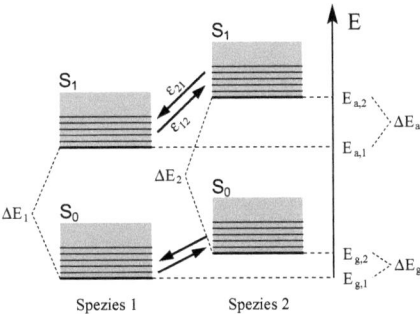

Abbildung 2.4: Jablonski-Diagramm für zwei Farbstoffspezies mit verschobenen Bandkanten. Es wird angenommen, dass zwischen den Molekülsorten (chemische) Umwandlungen stattfinden, sowohl im elektronisch angeregtem Zustand S_1 als auch im Grundzustand S_0. Der Parameter ϵ_{12} gibt die Wahrscheinlichkeit an, dass ein elektronisch angeregtes Molekül der Sorte 1 während der Lebensdauer S_1-Zustands umgewandelt wird und als Molekül der Sorte 2 emittiert (analog ϵ_{21}).

regten Zustands. Es bildet sich deshalb im elektronisch angeregtem Niveau kein vollständiges Gleichgewicht zwischen den beiden Molekülsorten aus, bevor es zur Fluoreszenz kommt. In [95] wird solch ein Ungleichgewicht für die Abweichung zwischen thermodynamischer und spektraler Temperatur verantwortlich gemacht. Im Rahmen dieser Arbeit wurde auch ein zweites Szenario untersucht, was den gegensätzlichen Grenzfall einer im Vergleich zur Lebensdauer des angeregten Zustands schnellen Konversion zwischen den Molekülsorten annimmt. Dadurch entsteht eine Gleichgewicht zwischen den Spezies. Es zeigt sich, dass in diesem zweiten Modell Quanteneffizienzunterschiede zwischen den Molekülsorten einen wesentlichen Einfluss auf die spektrale Temperatur ausüben.

Grenzfall langsamer Konversionsdynamik

Entsprechend dem von Sawicki und Knox eingeführten Modell [95] wird angenommen, dass während der Lebensdauer des elektronisch angeregten Niveaus Umwandlungen von Molekülsorte 1 nach 2 (und umgekehrt) stattfinden, ohne aber ein chemisches Gleichgewicht herbeizuführen. Wird etwa ein Photon durch Spezies 1 absorbiert, dann erfolgt die Fluoreszenz auch nach wie vor mit hoher Wahrscheinlichkeit durch Spezies 1. Die Absorptionskoeffizienten und Fluoreszenzstärken seien $\alpha_1(\omega)$, $\alpha_2(\omega)$ bzw. $f_1(\omega)$, $f_2(\omega)$ und die spektrale Temperatur jeder einzelnen Molekülsorte identisch mit der thermodynamischen, $T_{\text{spec},i}(\omega) = T$ ($i = 1, 2$). Untersuchen wir, welche spektrale Temperatur für die Mischung zu erwarten ist. Der Absorptionskoeffizient der Mischung ist

$$\alpha(\omega) = \alpha_1(\omega) + \alpha_2(\omega) \qquad (2.25)$$

womit wegen α = Wirkungsquerschnitt × Teilchendichte bereits unterschiedliche Speziesdichten berücksichtigt sind. Das Fluoreszenzspektrum ist eine Überlagerung von $f_1(\omega)$ bzw. $f_2(\omega)$ mit bestimmten Gewichtungskoeffizienten:

$$f_{\omega_{\text{exc}}}(\omega) = \frac{(1-\epsilon_{12})\alpha_1(\omega_{\text{exc}}) + \epsilon_{21}\alpha_2(\omega_{\text{exc}})}{\alpha_1(\omega_{\text{exc}}) + \alpha_2(\omega_{\text{exc}})} f_1(\omega) +$$

$$\frac{(1-\epsilon_{21})\alpha_2(\omega_{\text{exc}}) + \epsilon_{12}\alpha_1(\omega_{\text{exc}})}{\alpha_1(\omega_{\text{exc}}) + \alpha_2(\omega_{\text{exc}})} f_2(\omega) \quad (2.26)$$

Im Prinzip sind die Gewichtungsfaktoren von $f_1(\omega)$ bzw. $f_2(\omega)$ durch die Absorptionskoeffizienten $\alpha_1(\omega_{\text{exc}})$ bzw. $\alpha_2(\omega_{\text{exc}})$ bei den jeweils anregenden Lichtfrequenzen gegeben. Durch die Parameter ϵ_{12}, ϵ_{21} soll zusätzlich eine mögliche Umwandlung zwischen den Molekülsorten berücksichtigt werden. Der Parameter ϵ_{12} gibt die Wahrscheinlichkeit an, dass ein elektronisch angeregtes Molekül der Sorte 1 während der Lebensdauer des S_1-Zustands umgewandelt wird und als Molekül der Sorte 2 emittiert, analog sei ϵ_{21} definiert. Beide Parameter sind in diesem Abschnitt als klein anzusehen, $\epsilon_{12}, \epsilon_{12} \ll 1$. Zu bemerken ist, dass der durch Gleichung (2.26) modellierte Farbstoff eine Quanteneffizienz von eins besitzt, $\Phi = 1$, und das Fluoreszenzspektrum von der Frequenz der anregenden Strahlung abhängt, d.h. es verletzt die Regel von Kasha.

Eventuelle Abweichungen zwischen spektraler und thermodynamischer Temperatur, also $\Delta T(\omega) = T_{\text{spec}}(\omega) - T$, können berechnet werden, indem man ansetzt:

$$\Delta T(\omega) = \frac{\hbar \Delta \omega}{k_B \ln\left(\frac{\alpha(\omega + \Delta\omega) f_{\omega+\Delta\omega}(\omega)}{\alpha(\omega) f_\omega(\omega + \Delta\omega)} \frac{(\omega+\Delta\omega)^3}{\omega^3}\right)} - T \quad (\Delta\omega \to 0) \quad (2.27)$$

Werden nun die Gleichungen (2.25) bzw. (2.26) eingesetzt und führt man zusätzlich eine Entwicklung für kleine ϵ_{12}, ϵ_{21} durch, so ergibt sich:

$$\Delta T(\omega) = \frac{k_B T^2}{\hbar} \frac{\partial \ln}{\partial \omega}\left(\frac{f_2(\omega)}{f_1(\omega)}\right) \frac{\alpha_1(\omega) f_2(\omega) \epsilon_{12} - \alpha_2(\omega) f_1(\omega) \epsilon_{21}}{\alpha_1(\omega) f_1(\omega) + \alpha_2(\omega) f_2(\omega)} + \mathcal{O}(\epsilon_{12}, \epsilon_{21}, 2) \quad (2.28)$$

Wie bereits eingangs erwähnt folgt für $\epsilon_{12} = \epsilon_{21} = 0$ erwartungsgemäß $\Delta T(\omega) = 0$, nicht nur in erster Ordnung. Wenn es aber Umwandlungen zwischen den Molekülsorten kommt, dann scheint Gleichung (2.28) eine Abweichung von spektraler und thermodynamischer Temperatur nahe zu legen. Der Einfluss der verschiedenen Parameter auf T_{spec} wird in [95] genauer diskutiert.

Meines Erachtens wird hier aber nicht ausreichend berücksichtigt, dass die Wahl der Parameter $\alpha_{1,2}(\omega)$, $f_{1,2}(\omega)$ und ϵ_{12}, ϵ_{21} an bestimmte physikalische Randbedingungen geknüpft ist. In Anhang A.1 wird der naheliegende Fall untersucht, dass sich die beiden Molekülsorten einzig durch eine Frequenzverschiebung der Spektren unterscheiden. Unter diesen Bedingungen sind die Spektren und Konversionsparameter so miteinander verknüpft, dass sich aus Gleichung (2.28) *keine* Abweichungen zwischen spektraler und thermodynamischer Temperatur ergeben. Unabhängig davon bleibt in diesem Modell das Problem, dass das Fluoreszenzspektrum (2.26) die Regel von Kasha verletzt und somit auf einen großen Teil der Farbstoffe nicht anwendbar ist. Im Folgenden möchte ich nun ein Szenario vorschlagen, dass meines Erachtens besser geeignet ist, Abweichungen zwischen spektraler und thermodynamischer Temperatur zu erklären.

Grenzfall schneller Konversionsdynamik

Es soll nun der Fall untersucht werden, dass die Umwandlungsgeschwindigkeit hinreichend schnell ist, so dass sich auch im elektronisch angeregtem Niveau ein chemisches Gleichgewicht zwischen den Molekülsorten einstellt. Die statistischen Gewichte der Fluoreszenzspektren $f_1(\omega)$ bzw. $f_2(\omega)$ sind dann durch die Zustandssummen Z_1, Z_2 der elektronisch angeregten Molekülzustände gegeben. Zusätzlich seien beliebige Quanteneffizienzen $\Phi_1, \Phi_2 \leq 1$ für die beiden Molekülsorten zugelassen. Unter diesen Annahmen ergibt sich ein Fluoreszenzspektrum in der Form

$$\begin{aligned} f(\omega) &= \frac{Z_1 \Phi_1 f_1(\omega) + Z_2 \Phi_2 f_2(\omega)}{Z_1 \Phi_1 + Z_2 \Phi_2} \\ &= \frac{Z_1 f_1(\omega) + (1 + \Delta_\Phi) Z_2 f_2(\omega)}{Z_1 + (1 + \Delta_\Phi) Z_2} \end{aligned} \quad (2.29)$$

wobei im letzten Schritt $\Delta_\Phi = \Phi_2/\Phi_1 - 1$ definiert wurde. Anders als im Grenzfall langsamer Konversionsdynamik ist hier die Regel von Kasha erfüllt, da die Fluoreszenz keine Korrelationen mehr mit der Frequenz der anregenden Strahlung aufweist.

Es sei nun zusätzlich angenommen, dass sich die beiden Molekülsorten einzig durch eine Frequenzverschiebung der Spektren voneinander unterscheiden. Die Bandkanten von Grundzustand und angeregtem Zustand seien energetisch gegeneinander verschoben, $\Delta E_\mathrm{a} = E_{\mathrm{a},2} - E_{\mathrm{a},1} \neq 0$ bzw. $\Delta E_\mathrm{g} = E_{\mathrm{g},2} - E_{\mathrm{g},1} \neq 0$ (siehe Abb. 2.4), die rovibronischen Zustandsdichten der beiden Molekülsorten sollen sich aber nicht unterscheiden. Dann sind die Spektren mit der Frequenz $\Delta_\Omega = (\Delta E_\mathrm{a} - \Delta E_\mathrm{g})/\hbar$ gegeneinander verschoben und es gilt:

$$f_2(\omega) = f_1(\omega - \Delta_\Omega) \, \omega^4 / (\omega - \Delta_\Omega)^4 \quad (2.30)$$

$$\alpha_2(\omega) = \alpha_1(\omega - \Delta_\Omega) \, \omega \, / (\omega - \Delta_\Omega) \, e^{-\frac{\Delta E_g}{k_\mathrm{B} T}} \quad (2.31)$$

Der Korrekturfaktor $\omega^4/(\omega - \Delta_\Omega)^4$ in Gleichung (2.30) muss eingefügt werden, um die unterschiedlichen Zustandsdichten $\propto \omega^2$, Photonenenergien $\propto \omega$ und Dipolkopplungsstärken $\propto \omega$ (siehe z.B. Gleichung 1.17) zu kompensieren, die in die spektralen Energiedichten $f(\omega)$ eingehen. Die unterschiedlichen Kopplungsstärken müssen auch im Absorptionskoeffizienten (2.31) beachtet werden. Der Boltzmann-Faktor berücksichtigt zusätzlich die unterschiedlichen Teilchendichten $\varrho_{1,2}$, die sich im thermischen Gleichgewicht aufgrund der verschobenen Bandkanten einstellen, $\alpha_{1,2}(\omega) = \sigma_{1,2}(\omega) \varrho_{1,2}$ und $\varrho_2 = \varrho_1 \exp(-\Delta E_\mathrm{g}/k_\mathrm{B} T)$. Es lässt sich leicht verifizieren, dass die auf diese Weise konstruierten Spektren $\alpha_2(\omega)$, $f_2(\omega)$ das detaillierte Gleichgewicht $T_{\text{spec}}(\omega) = T$ erfüllen.

Die Zustandssummen der elektronisch angeregten Zustände sind im Gleichgewicht durch

$$Z_2 = Z_1 \, e^{-\frac{\Delta E_a}{k_B T}} \qquad (2.32)$$

miteinander verknüpft. Eine Zwischenrechnung zeigt, dass sich die Temperaturdifferenz $\Delta T(\omega)$ für kleine Quanteneffizienzabweichungen Δ_Φ und kleine Frequenzverschiebungen Δ_Ω approximieren lässt durch

$$\begin{aligned}\Delta T(\omega) &= T_{\text{spec}}(\omega) - T \\ &= -\frac{\frac{\partial^2}{\partial \omega^2} \ln\left(z^{-1} f_1(\omega)\,\omega^{-3}\right)}{\cosh\left(\Delta E_g / 2 k_B T\right)^2} \frac{k_B T^2}{4\hbar} \Delta_\Omega \Delta_\Phi + \mathcal{O}(\Delta_\Omega, \Delta_\Phi, 3)\end{aligned} \qquad (2.33)$$

wobei der Faktor $z = f_1(\omega_0)\,\omega_0^{-3}$, für ein beliebiges ω_0, nur die Aufgabe hat, das Argument des Logarithmus dimensionslos zu machen. Damit ist $\Delta T(\omega) \neq 0$ also nur möglich, wenn die beiden Molekülsorten unterschiedliche Quantenausbeuten besitzen. Aufschlussreich ist die Frage nach dem Vorzeichen von $\Delta T(\omega)$. Für sämtliche physikalisch plausibel erscheinenden Fluoreszenzspektren $f_1(\omega)$ ist die Krümmung von $\ln(z^{-1} f_1(\omega)\,\omega^{-3})$ negativ, so dass das Vorzeichen von $\Delta T(\omega)$ wegen Gleichung (2.33) gerade dem Vorzeichen des Produkts $\Delta_\Omega \Delta_\Phi$ entspricht. Was lässt sich also über $\Delta_\Omega \Delta_\Phi$ sagen? Ein bevorzugtes Vorzeichen ergibt sich nur dann, wenn die Quanteneffizienzen mit den Übergangsfrequenzen der Farbstoffe korrelieren. Interessanterweise existiert solch ein Zusammenhang tatsächlich. Das von Englman und Jortner vorgeschlagene „Energielücke-Gesetz" (englisch „energy-gap-law") [104] besagt, dass die Wahrscheinlichkeit für einen strahlungslosen Übergang durch

$$W = \frac{C^2 \sqrt{2\pi}}{\hbar \sqrt{\hbar \omega_M \Delta E}} \exp\left(-\gamma \frac{\Delta E}{\hbar \omega_M}\right) \qquad (2.34)$$

gegeben ist. Dabei ist ΔE die Energiedifferenz zwischen den Bandkanten, also $\Delta E = E_a - E_g$. Weiter ist ω_M die höchste für den Farbstoff charakteristische Schwingungseigenfrequenz (in aromatischen Kohlenwasserstoffen ist das z.B. die Streckschwingungsfrequenz der C-H-Bindung, $\omega_{\text{C-H}} \approx 3000\,\text{cm}^{-1}$) und C bzw. $\gamma > 0$ sind farbstoffabhängige Parameter. Qualitativ besagt dieses Gesetz, dass die Quantenausbeute der Fluoreszenz groß ist, wenn die Übergangsfrequenz groß ist verglichen mit den Molekülschwingungsfrequenzen.

Analog werden nun folgende Quanteneffizienzen angenommen:

$$\Phi_1 = 1 - \kappa \exp(-\gamma \Delta E_1 / \hbar \omega_M) \qquad (2.35)$$

$$\Phi_2 = 1 - \kappa \exp(-\gamma \Delta E_2 / \hbar \omega_M) \qquad (2.36)$$

Zur Vereinfachung wurde die langsame Variation mit $1/\sqrt{\Delta E}$ in Gleichung (2.34) vernachlässigt, indem κ als Konstante aufgefasst wird, für die wegen $0 \leq \Phi_1, \Phi_2 \leq 1$ immer $0 \leq \kappa \leq 1$ gelten muss. Die Energiedifferenzen $\Delta E_1 = E_{a,1} - E_{g,1} \geq 0$ bzw. $\Delta E_2 = E_{a,2} - E_{g,2} \geq 0$ sind durch $\Delta E_2 = \Delta E_1 + \hbar \Delta_\Omega$ miteinander verknüpft. Eine kurze Rechnung zeigt, dass dann für kleine Δ_Ω näherungsweise gilt:

$$\Delta_\Phi = \frac{\Phi_2}{\Phi_1} - 1 \approx \frac{\kappa \gamma}{\omega_M} \left(e^{\frac{\gamma \Delta E_1}{\hbar \omega_M}} - \kappa \right)^{-1} \Delta_\Omega \qquad (2.37)$$

Wegen $e^{\frac{\gamma \Delta E_1}{\hbar \omega_M}} - \kappa \geq 0$ besitzen Δ_Φ und Δ_Ω identische Vorzeichen, d.h. hat Spezies 2 eine größere Übergangsfrequenz, $\Delta_\Omega > 0$, dann besitzt sie auch eine größere Quanteneffizienz als Spezies 1, $\Delta_\Phi > 0$. Damit lässt sich Gleichung (2.33) umschreiben in:

$$\Delta T(\omega) \approx -\frac{\frac{\partial^2}{\partial \omega^2} \ln(f_1(\omega) \omega^{-3})}{\cosh(\Delta E_g / 2 k_B T)^2} \frac{k_B T^2}{4\hbar} \frac{\kappa \gamma}{\omega_M} \left(e^{\frac{\gamma \Delta E_1}{\hbar \omega_M}} - \kappa \right)^{-1} \Delta_\Omega^2 \geq 0 \qquad (2.38)$$

Die Differenz aus spektraler und thermodynamischer Temperatur ist in diesem Modell also typischerweise positiv, ganz so, wie es auch bei realen Farbstoffen nahezu immer der Fall ist. Zusammenfassend kann festgehalten werden, dass Unterschiede zwischen spektraler und thermodynamischer Temperatur dann auftreten können, wenn es im elektronisch angeregtem Niveau zu Umwandlungen zwischen verschiedenen Molekülsorten kommt. In dem hier vorgeschlagenen Modell ist die spektrale Temperatur ein Maß für Quanteneffizienzdifferenzen zwischen diesen Molekülsorten. Die experimentelle Erfahrungstatsache, dass die spektrale Temperatur - wenn sie abweicht - nahezu immer nach oben abweicht, $T_{\text{spec}}(\omega) \geq T$, kann darüber hinaus als Konsequenz einer Korrelation von Übergangsfrequenz und Quantenausbeute (Energielücke-Gesetz) interpretiert werden.

Kapitel 3

Statistische Physik von paraxialem Licht

Die Wellenoptik kann formal als Quantentheorie der klassischen Lichtstrahlen in der Hamiltonschen Optik aufgefasst werden kann [105]. In diesem Sinne ist die Wellengleichung der Optik äquivalent zur Klein-Gordon-Gleichung der relativistischen Quantentheorie und die paraxiale Wellengleichung ist äquivalent zur Schrödinger-Gleichung der nicht-relativistischen Quantenmechanik. Aufgrund dieser engen Verwandtschaft ist es nicht verwunderlich, dass die Thermodynamik von paraxialem Licht unmittelbar mit der des (zweidimensionalen) atomaren Bose-Gases verknüpft ist. Dieser Zusammenhang soll im Folgenden genauer betrachtet werden.

3.1 Gross-Pitaevskii-Gleichung für paraxiales Licht

Beginnen wir die Diskussion, indem wir die Eigenmoden und -frequenzen der Photonen in einem optischen Resonator bestehend aus zwei gekrümmten Spiegeln wie in Abb. 3.1 gezeigt bestimmen. Die Energie eines Photons ist durch longitudinale (k_z) und transversale (k_r) Wellenzahl festgelegt

$$E = \frac{\hbar c}{n}\sqrt{k_z^2 + k_r^2} \tag{3.1}$$

wobei n den Brechungsindex des Mediums bezeichnet. Durch die Spiegel werden Randbedingungen für das Photon vorgegeben, die vereinfachend als metallisch angenommen werden, und die aufgrund der Krümmung des Resonators vom Abstand $r = |\vec{r}|$ zur optischen Achse abhängen.

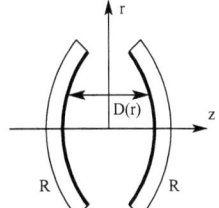

Abbildung 3.1: Resonator bestehend aus zwei sphärisch gekrümmten Spiegeln mit Krümmungsradius R. Die Randbedingungen in z-Richtung sind abhängig vom Abstand r zur optischen Achse.

Für die longitudinale Wellenzahl setzen wir deshalb

$$k_z(\vec{r}) = q\pi/D(r) \tag{3.2}$$

an, wobei q die longitudinale Wellenzahl,

$$D(r) = D_0 - 2(R - \sqrt{R^2 - r^2}) \tag{3.3}$$

der Spiegelabstand im Abstand r von der optischen Achse und R der Krümmungsradius der Spiegel ist. Es soll zusätzlich noch eine eventuelle nichtlineare Photonenwechselwirkung berücksichtigt werden, indem ein intensitätsabhängiger Brechungsindex zugelassen wird, $n = n(\vec{r}) = n_0 + \Delta n_r$, mit $\Delta n_r = n_2 I(\vec{r})$ wobei n_2 der nichtlineare Brechungsindex und $I(\vec{r})$ die Intensität sei. Im nichtlinearen Brechungsindex n_2 können die Beiträge verschiedener physikalischer Prozesse vereint sein, u.a. der optische Kerr-Effekt [106] oder näherungsweise, auch thermooptische Effekte (thermische Linse). Man erhält nun:

$$\begin{aligned}
E(\vec{r}, \vec{k}_r) &= \frac{\hbar c}{n}\sqrt{k_z^2(\vec{r}) + k_r^2} \\
&= \frac{\hbar c}{n_0 + \Delta n_r}\sqrt{\left(\frac{q\pi}{D(r)}\right)^2 + k_r^2} \\
&\simeq \frac{\pi\hbar cq}{n_0 D_0} + \frac{\hbar c D_0}{2\pi n_0 q}k_r^2 + \frac{\pi\hbar cq}{n_0 D_0^2 R}r^2 - \frac{\pi\hbar cq}{n_0^2 D_0}\Delta n_r \tag{3.4}
\end{aligned}$$

Im letzten Schritt wurde sowohl eine paraxiale Näherung ($r \ll R$, $k_r = |\vec{k}_r| \ll k_z$) als auch eine Näherung für $\Delta n_r \ll n_0$ durchgeführt. Wir definieren nun eine Photonenmasse

$$m_{\mathrm{ph}} = \frac{\pi\hbar n_0 q}{c D_0} = \frac{\hbar n_0}{c}k_z(0) \tag{3.5}$$

sowie eine Fallenfrequenz:

$$\Omega = \frac{c}{n_0\sqrt{D_0 R/2}} \tag{3.6}$$

Dann erhält man aus Gleichung (3.4):

$$E(\vec{r}, \vec{k}_r) \simeq \frac{m_{\mathrm{ph}} c^2}{n_0^2} + \frac{(\hbar k_r)^2}{2 m_{\mathrm{ph}}} + \frac{1}{2} m_{\mathrm{ph}} \Omega^2 r^2 - \frac{m_{\mathrm{ph}} c^2}{n_0^3} n_2 I(\vec{r}) \tag{3.7}$$

Vernachlässigt man die Wechselwirkung, $n_2 = 0$, dann beschreibt Gleichung (3.7) die Energie eines nicht-relativistischen, massiven Teilchens in zwei Dimensionen, das sich in einem harmonischen Fallenpotential bewegt. In Analogie zur nicht-relativistischen Quantenmechanik kann nun gefolgert werden, dass die Eigenzustände ψ_{n_x,n_y} bzw. -energien E_{n_x,n_y} genau den Eigenzustände bzw. -energien des zweidimensionalen harmonischen Oszillators [107] entsprechen:

$$\psi_{n_x,n_y}(x,y) = f_{n_x}(x)\, f_{n_y}(y) \tag{3.8}$$

$$f_n(x) = \sqrt{\frac{1}{2^n n!}} \left(\frac{m_{\text{ph}}\Omega}{\pi\hbar}\right)^{1/4} e^{-\frac{m_{\text{ph}}\Omega x^2}{2\hbar}} H_n\left(\sqrt{\frac{m_{\text{ph}}\Omega}{\hbar}}\, x\right) \tag{3.9}$$

$$E_{n_x,n_y} = \frac{m_{\text{ph}} c^2}{n_0^2} + \hbar\Omega(n_x + n_y + 1) \tag{3.10}$$

Dabei sind $f_n(x)$ die Lösungen des eindimensionalen harmonischen Oszillators und $H_n(x)$ die Hermite-Polynome. Gerechtfertigt wird der Analogieschluss dadurch, dass die Eigenfunktionen (3.8) bzw. Energien (3.10) in der Tat mit den Lösungen der paraxialen Wellengleichung für das elektrische Feld übereinstimmen [108]. Was lässt sich daraus für die Thermodynamik von paraxialem Licht ableiten? Unter bestimmten Voraussetzungen darf man erwarten, dass paraxiales Licht und das zweidimensionale, harmonisch gefangene, atomare Bose-Gas das gleiche thermodynamische Verhalten zeigen. Das betrifft insbesondere auch das Tieftemperaturverhalten, das für das atomare Bose-Gas eine Bose-Einstein-Kondensation beinhaltet.

Zu Beginn soll aber zunächst das Verhalten des Photonengases bei $T \simeq 0$ untersucht werden. Dann befinden sich nahezu alle Photonen im transversalen Grundzustand $\psi_0(\vec{r})$ und das Lichtfeld $I(\vec{r})$ ist in diesem Fall durch

$$I(\vec{r}) \simeq \frac{m_{ph} c^2}{n_0^2 \tau_{\text{rt}}} N_0\, |\psi_0(\vec{r})|^2 \tag{3.11}$$

gegeben, mit $\tau_{\text{rt}} = \hbar q n_0^2 / m_{\text{ph}} c^2$ als Resonatorumlaufzeit und N_0 der Zahl der Photonen im Grundzustand. Der Wechselwirkungsterm in Gleichung (3.7), der nun nicht mehr vernachlässigt werden soll, lässt sich dann schreiben als

$$E_{\text{int}} = -\frac{m_{\text{ph}}^2 c^4}{n_0^5 \tau_{\text{rt}}} n_2\, N_0\, |\psi_0(\vec{r})| = (\hbar^2/m_{\text{ph}})\tilde{G} N_0 |\psi_0(\vec{r})|^2 \tag{3.12}$$

wobei im letzten Schritt noch eine dimensionslose Wechselwirkungsstärke

$$\tilde{G} = -\frac{m_{\text{ph}}^3 c^4 n_2}{\hbar^2 n_0^5 \tau_{\text{rt}}} \tag{3.13}$$

analog zu [109] definiert wurde. Insgesamt ergibt sich dann:

$$E(\vec{r}, \vec{k}_r) \simeq \frac{m_{\text{ph}} c^2}{n_0^2} + \frac{(\hbar k_r)^2}{2 m_{\text{ph}}} + \frac{1}{2} m_{\text{ph}} \Omega^2 r^2 + \frac{\hbar^2}{m_{\text{ph}}} \tilde{G} N_0 |\psi_0(\vec{r})|^2 \tag{3.14}$$

In Analogie zur nicht-relativistischen Quantenmechanik gewinnt man daraus unmittelbar die Eigenwertgleichung:

$$\left(-\frac{\hbar^2 \nabla^2}{2m_{\text{ph}}} + \frac{1}{2}m_{\text{ph}}\Omega^2 r^2 + \frac{\hbar^2}{m_{\text{ph}}}\tilde{G}N_0|\psi_0(\vec{r})|^2\right)\psi_0(\vec{r}) = -\mu\psi_0(\vec{r}) \qquad (3.15)$$

Das ist die für atomare Bose-Einstein Kondensate gut bekannte zeitunabhängige Gross-Pitaevskii-Gleichung [110, 111]. Analytische Lösungen sind bekannterweise im allgemeinen nicht möglich, vernachlässigt man allerdings den Term der kinetischen Energie $-\hbar^2\nabla^2/2m_{\text{ph}}$ (Thomas-Fermi-Näherung), dann erhält man die Lösung durch elementares Auflösen nach $|\psi_0(r)|^2$:

$$\begin{aligned}|\psi_0(r)|^2 &= -\frac{m_{\text{ph}}}{\hbar^2 \tilde{G}N_0}\left(\frac{1}{2}m_{\text{ph}}\Omega^2 r^2 + \mu\right) \\ &= -\frac{m_{\text{ph}}\Omega}{\hbar^2 \tilde{G}N_0}\left(\frac{1}{2}m_{\text{ph}}\Omega^2 r^2 + \sqrt{\frac{\tilde{G}N_0}{\pi}}\hbar\right)\end{aligned} \qquad (3.16)$$

Die Dichteverteilung entspricht einem umgekehrten Paraboloid. Im letzten Schritt wurde die Normierungsbedingung $\int_0^{r_0}|\psi_0(r)|^2 2\pi r\, dr = 1$ verwendet, um μ zu bestimmen, wobei $r_0 = \sqrt{-2\mu/m_{\text{ph}}\Omega^2}$ der Radius ist, bei dem die Kondensatdichte verschwindet, $|\psi_0(r_0)|^2 = 0$. Darüber hinaus erhält man aus dieser Dichteverteilung den Durchmesser (volle Halbwertsbreite) des Grundmoden in Thomas-Fermi-Näherung:

$$d_{\text{TF}} = 2\sqrt{\frac{\hbar}{\sqrt{\pi}m_{\text{ph}}\Omega}}\left(\tilde{G}N_0\right)^{\frac{1}{4}} \qquad (3.17)$$

Für $\tilde{G}N_0 \to 0$ verschwindet d_{TF}, $d_{\text{TF}} \to 0$. Dieses unphysikalische Verhalten liegt daran, dass man in Thomas-Fermi-Näherung den Quantendruck der Teilchen vernachlässigt, der dem Fallenpotential ansonsten entgegenwirken würde. Für hohe Kondensatteilchenzahlen N_0 bzw. stärkerer Wechselwirkung $\tilde{G}$ wird die Näherung aber asymptotisch korrekt. Eine Verdopplung des Modendurchmessers im Vergleich zum wechselwirkungsfreien Fall, $d_{\text{ideal}} = 2\sqrt{\hbar \ln 2/m_{\text{ph}}\Omega}$, erhält man in Thomas-Fermi-Näherung für $\tilde{G}N_0 = 16\pi(\ln 2)^2 \simeq 24$. Die numerische Lösung der Gross-Pitaevskii-Gleichung (3.15), siehe Abb. 3.2, liefert einen genaueren Wert: $\tilde{G}N_0 \simeq 30$. Dieser Zusammenhang wird in Kapitel 5 verwendet, um die Selbstwechselwirkung des Lichts im Mikroresonator abzuschätzen.

3.2 Zweidimensionales ideales Bose-Gas in einer Falle

Im Folgenden wird das Temperaturverhalten des zweidimensionalen idealen Bose-Gases in einer Falle untersucht [33, 78–80] - speziell im Hinblick auf das paraxiale Photonengas. Die Ein-Teilchen-Zustände entsprechen denen des (2d) harmonischen Oszillators und sie besitzen demnach das folgende transversale Energiespektrum

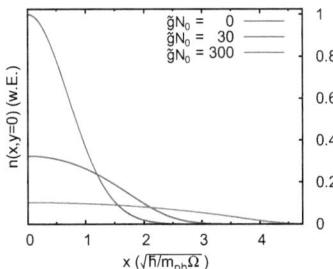

Abbildung 3.2: Numerische Lösungen der zweidimensionalen Gross-Pitaevskii-Gleichung für verschiedene Werte von $\tilde{G}N_0$. Aufgetragen ist die Dichte gegen die Position (Querschnitt). Eine Verdopplung des Kondensat-Durchmessers (volle Halbwertsbreite) aufgrund der Wechselwirkung wird bei $\tilde{G}N_0 \simeq 30$ erreicht. Die Numerik wurde mit dem in [112] angegebenen Programm-Code durchgeführt.

$$u_{n_x,n_y} := E_{n_x,n_y} - \frac{m_{\text{ph}}c^2}{n_0^2} - \hbar\Omega = \hbar\Omega(n_x + n_y) \tag{3.18}$$

Daraus folgt insbesondere, dass die Entartung einer bestimmten transversalen Energie $g(u)$ linear mit u ansteigt:

$$g(u) = 2(u/\hbar\Omega + 1) \tag{3.19}$$

Der Faktor 2 in Gleichung (3.19) beinhaltet die zusätzliche Entartung, die durch den Polarisationsfreiheitsgrad zustande kommt. In einem idealen Gas sind die Ein-Teilchen-Energien Bose-Einstein verteilt

$$n_{T,\mu}(u) = \frac{g(u)}{e^{\frac{u-\mu}{k_B T}} - 1} \tag{3.20}$$

wobei das chemische Potential μ die mittlere Teilchenzahl N des Systems (in einem implizit als großkanonisch angenommenen Ensemble) einstellt:

$$N = \sum_{u=0,\hbar\Omega,2\hbar\Omega,\ldots} n_{T,\mu}(u) \tag{3.21}$$

Für $\mu \to 0$ divergiert die Besetzungszahl des Grundzustands. Die Gesamtteilchenzahl bei der die makroskopische Besetzung einsetzt ist

$$N_c = \sum_{u=\hbar\Omega,2\hbar\Omega,\ldots} n_{T,\mu=0}(u) = \sum_{u=\hbar\Omega,2\hbar\Omega,\ldots} \frac{2(u/\hbar\Omega + 1)}{e^{\frac{u}{k_B T}} - 1} \tag{3.22}$$

wobei der Grundzustand bei der Summation ausgenommen wird. Wenn das System hinreichend „kontinuierlich" ist, also $\hbar\Omega \ll k_B T$, dann ist eine Näherung der Summe durch ein Integral

möglich
$$\sum_{u=\hbar\Omega,2\hbar\Omega,\ldots} \frac{2(u/\hbar\Omega+1)}{e^{\frac{u}{k_\mathrm{B}T}}-1} \simeq \int_0^\infty \frac{2x}{e^{\frac{\hbar\Omega}{k_\mathrm{B}T}x}-1} dx \qquad (3.23)$$

so dass man eine kritische Teilchenzahl bei festgehaltener Temperatur bzw. kritische Temperatur bei festgehaltener Teilchenzahl von

$$N_\mathrm{c} \simeq \frac{\pi^2}{3}\left(\frac{k_\mathrm{B}T}{\hbar\Omega}\right)^2 \quad \text{bzw.} \quad T_\mathrm{c} \simeq \frac{\sqrt{3}\hbar\Omega}{\pi k_\mathrm{B}}\sqrt{N} \qquad (3.24)$$

erhält. Werden dagegen die Geometrieparameter des Resonators verwendet (Gleichung 3.6), dann können diese Gleichungen auch als

$$N_\mathrm{c} \simeq \frac{\pi^2}{6}\left(\frac{n_0}{c}\frac{k_\mathrm{B}T}{\hbar}\right)^2 D_0 R \quad \text{bzw.} \quad T_\mathrm{c} \simeq \frac{\sqrt{6}\hbar c}{\pi k_\mathrm{B} n_0}\sqrt{\frac{1}{D_0}\frac{N}{R}} \qquad (3.25)$$

geschrieben werden. Damit die makroskopische Grundzustandsbesetzung als Phasenübergang zu bezeichnen ist, muss sie im thermodynamischen Limes, $N \to \infty$, Bestand haben. Anhand von Gleichung (3.25) wird klar, dass dieser thermodynamische Limes durch $N \to \infty$, $R \to \infty$ mit $N/R = const$ gegeben sein muss, da nur diese Grenzwertbildung die Übergangstemperatur konstant hält. Ein Limes der $D_0 \to \infty$ beinhaltet ist formal möglich aber physikalisch gesehen ungeeignet, da die Zweidimensionalität des Photonengases bei größer werdenden Spiegelabständen nicht mehr gewährleistet ist.

Die Kritizitätsbedingung (3.24) lässt sich alternativ als Aussage über die kritische Phasenraumdichte umformulieren, in die wiederum die kritische Teilchendichte $\bar{n}_\mathrm{c}$ und die thermische deBroglie-Wellenlänge Λ_T eingehen. Die kritische Teilchendichte $\bar{n}_\mathrm{c}$ bezeichnet dabei die mittlere Flächendichte im Photonengas beim Phasenübergang. Die thermische deBroglie-Wellenlänge kann aufgrund der quadratischen Energie-Impuls-Relation völlig analog zu einem atomaren Gas definiert werden als:

$$\Lambda_T = \frac{h}{\sqrt{2\pi m_\mathrm{ph}k_\mathrm{B}T}} \qquad (3.26)$$

Es zeigt sich, dass die deBroglie-Wellenlänge Λ_T invers zu mittleren transversalen Wellenzahl $\bar{k}_r$ der Photonen in der Gas-Phase ist, d.h. für $N \ll N_\mathrm{c}$ oder $T \gg T_\mathrm{c}$. Diese mittlere transversale Wellenzahl ist als rms-Wert definiert, $\bar{k}_r := \langle k_r^2 \rangle_T^{1/2}$, wobei $\langle\;\rangle_T$ den Erwartungswert bei der Temperatur T bezeichnet. Dann ist nämlich

$$\bar{k}_r = \left\langle \frac{(\hbar k_r)^2}{2m_\mathrm{ph}} \right\rangle_T^{1/2} \frac{\sqrt{2m_\mathrm{ph}}}{\hbar} = \hbar^{-1}\sqrt{2m_\mathrm{ph}k_\mathrm{B}T} \qquad (3.27)$$

wobei im letzten Schritt verwendet wurde, dass die zwei kinetischen Freiheitsgrade im thermischen Mittel eine Energie von je $1/2\,k_\mathrm{B}T$ tragen. Der Vergleich mit Gleichung (3.26) liefert

dann:
$$\Lambda_T = \frac{2\sqrt{\pi}}{\bar{k}_r} \qquad (3.28)$$

Es lässt sich zeigen, dass beim Phasenübergang eine kritische Phasenraumdichte von

$$\bar{n}_c \Lambda_T^2 = \frac{\pi^2}{3} \qquad (3.29)$$

vorliegt [78]. Bei atomaren Bose-Einstein-Kondensaten wird üblicherweise argumentiert, dass die thermische deBroglie-Wellenlänge die Ausdehnung des Wellenpakets eines einzelnen Atoms angibt und diese Wellenpakete bei einer Phasenraumdichte $\simeq 1$ zu überlappen beginnen. Bei der Herleitung von Gleichung (3.29) müssen keine Annahmen über den genauen Quantenzustand eines Photons gemacht werden, weshalb die Annahme von lokalisierten Photonwellenpaketen, die beim Phasenübergang zu überlappen beginnen, nicht zwingend ist. Dennoch erscheint es zumindest plausibel, dass der Zustand eines Photons als eine Superposition von transversalen Anregungszuständen gegeben sein könnte, im Sinne eines kohärenten Zustands bezüglich der transversalen Oszillation. Das käme einer Lokalisierung des Photonwellenpaketes am nächsten.

Bei der Bose-Einstein-Kondensation in einer Falle tritt sowohl eine Kondensation im Impulsraum als auch im Ortsraum auf. Die räumliche Verteilung der Photonen lässt sich mit Hilfe der Eigenfunktionen (3.8) berechnen; die Intensitätsverteilung bei einer bestimmten Temperatur ist durch eine gewichtete Summe über die Intensitätsverteilungen der Eigenzustände gegeben:

$$\begin{aligned} I_{T,\mu}(x,y) &= \sum_{n_x,n_y\geq 0} \frac{E_{n_x,n_y}}{\tau_{\rm rt}} \left|\psi_{n_x,n_y}(x,y)\right|^2 2 \left(e^{\frac{\hbar\Omega(n_x+n_y)-\mu}{k_{\rm B}T}} - 1\right)^{-1} \\ &\simeq \frac{2m_{\rm ph}c^2}{n_0^2 \tau_{\rm rt}} \sum_{n_x,n_y\geq 0} \left|\psi_{n_x,n_y}(x,y)\right|^2 \left(e^{\frac{\hbar\Omega(n_x+n_y)-\mu}{k_{\rm B}T}} - 1\right)^{-1} \end{aligned} \qquad (3.30)$$

Dabei wurde im letzten Schritt die Leistung pro Photon (Photonenenergie pro Resonatorumlaufzeit) mit Hilfe von $E_{n_x,n_y}/\tau_{\rm rt} \simeq m_{\rm ph}c^2/n_0^2\tau_{\rm rt}$ genähert. Das ist gerechtfertigt, weil der weit überwiegende Anteil der Photonenenergie im Ruheenergiebeitrag konzentriert ist.

Mit den Gleichungen (3.20), (3.21) und (3.30) lassen sich nun die spektralen bzw. räumlichen Verteilungen des Photonengases bei einer bestimmten Temperatur und für verschiedene Gesamtteilchenzahlen berechnen. Typische im Experiment realisierte Parameter sind ein Spiegelabstand von $q = 7$ optischen Halbwellen bei einer Wellenlänge des transversalen Grundmoden von $\lambda_0 = 585\,\text{nm}$, Krümmungsradien der Spiegel von $R = 1\,\text{m}$, ein Brechungsindex von $n_0 = 1.33$ und Raumtemperatur $T = 300\,\text{K}$. Für diese Parameter beträgt die Masse der Photonen, Gleichung (3.5), $m_{\rm ph} \simeq 6.7 \times 10^{-36}\,\text{kg}$ und die Fallenfrequenz, Gleichung (3.6), $\Omega = 2\pi \cdot 4.1 \times 10^{10}\,\text{Hz}$. Für steigende Photonenzahlen erwartet man Spektren wie in Abb. 3.3 gezeigt. Bei niedrigen Teilchenzahlen (unterste Kurve) ist das chemische Potential stark negativ, $\mu \ll -k_{\rm B}T$, so dass der Term -1 im Nenner von Gleichung (1.1) vernachlässigt werden

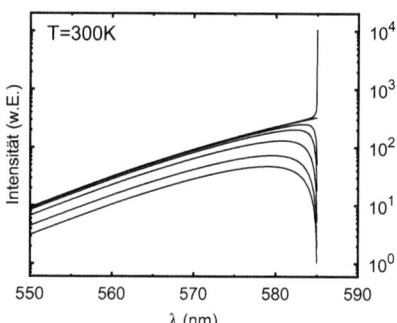

Abbildung 3.3: Theoretische spektrale Verteilung der Strahlung im Mikroresonator für steigende Teilchenzahlen (Bose-Einstein verteilte transversale Anregungen). Die kritische Teilchenzahl ist $N_c \simeq 77000$. ($\lambda_0 = 585$ nm, longitudinale Wellenzahl $q = 7$, Krümmungsradien $R = 1$ m, Brechungsindex $n = 1.33$, $T = 300$ K)

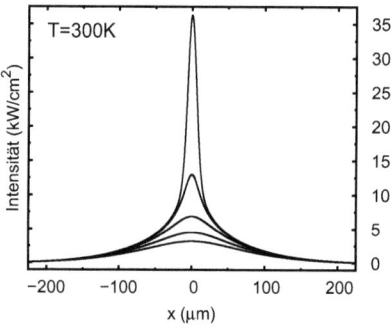

Abbildung 3.4: Theoretische Intensitätsverteilung entlang einer Achse durch das Fallenzentrum für steigende Teilchenzahlen. Beim Phasenübergang beträgt die Intensität im Fallenzentrum für die gegebenen Parameter etwa $I_c(r = 0) \simeq 10$ kW/cm^2 (Parameter wie in Abb. 3.3)

kann und die Verteilung einer Boltzmann-Verteilung entspricht. Für größer werdende Teilchenzahlen verschiebt sich das Verteilungsmaximum zu höheren Wellenlängen und die Spektren werden spitzer. Am Phasenübergang sind die transversalen Energien der Photonen dann im engeren Sinn Bose-Einstein verteilt ($\mu \to 0$) und ab dann besetzen die zusätzlichen Photonen statistisch gesehen nur noch den Grundzustand. Die räumliche Verteilung der Photonen entlang der x-Achse, $I_{T,\mu}(x,0)$, ist für niedrige Teilchenzahlen gaußförmig (Abb. 3.4). Mit steigender Teilchenzahl werden die Photonen immer stärker im Fallenzentrum konzentriert, bis dann schließlich die makroskopische Besetzung des transversalen Grundzustands einsetzt. Beim Phasenübergang beträgt die theoretisch erwartete Intensität im Fallenzentrum für die gegebenen Parameter etwa $I_c(r = 0) \simeq 10\,\text{kW/cm}^2$.

3.3 Kondensatfluktuationen

In Kapitel 2 wurde der Thermalisierungsprozess aus der Sicht des Photonengases untersucht. Dessen Zustand wird via Absorption und Emission permanent verändert und strebt einem thermischen Zustand entgegen, wenn das Medium die Kennard-Stepanov-Relation erfüllt. Bei dieser Betrachtung spielten absolute Zeitskalen, also beispielsweise die mittleren Lebensdauern von Photonen (Zeit zwischen Fluoreszenz und Absorption) und elektronisch angeregten Molekülzuständen keine Rolle. Diese Lebensdauern sind allerdings wichtig bei der Frage, welches statistische Ensemble die experimentellen Gegebenheiten am besten modelliert. Die Lebensdauer der Photonen ist unter typischen experimentellen Bedingungen ungefähr $\tau_{\text{ph}} \approx 20\,\text{ps}$ (siehe Abschnitt 5.4). Die mittlere Lebensdauer der angeregten Farbstoffmoleküle τ_{exc} ist aufgrund des Purcell-Effekts kleiner als die Lebensdauer im freien Raum ($\tau_{\text{exc}}^{\text{frei}} \approx 4.1\,\text{ns}$ für Rhodamin 6G [113]). Legt man die in der Literatur berichteten Purcell-Faktoren zu Grunde - unter vergleichbaren experimentellen Bedingungen wurde beispielsweise eine Verkürzung um den Faktor 6 beobachtet [43] - dann ist zu vermuten, dass die Veränderung nicht größer als etwa eine Größenordnung ist. Es ist daher davon auszugehen, dass τ_{exc} immer noch annähernd im Nanosekunden-Bereich liegt und ein „Photon" somit den größten Teil der Zeit im Resonator als elektronische Anregung vorliegt, $\tau_{\text{exc}}/\tau_{\text{ph}} \approx 10^1 - 10^2$. Das wirkt sich auch auf die Teilchenzahlen N_{ph} bzw. N_{exc} aus. Sind das Photonengas und die elektronischen Anregungen in einem stationären Zustand (kein Netto-Teilchenfluss), dann ist die Anzahl der Anregungen näherungsweise um den Faktor $\tau_{\text{exc}}/\tau_{\text{ph}}$ größer als die Photonenzahl,

$$N_{\text{exc}} \simeq \frac{\tau_{\text{exc}}}{\tau_{\text{ph}}} \times N_{\text{ph}} \approx (10^1 - 10^2) \times N_{\text{ph}} \quad (3.31)$$

(in dieser Gleichung müssen genau genommen noch Verluste berücksichtigt werden, vgl. Abschnitt 5.4). Die experimentelle Situation lässt sich also am besten durch einen großkanonischen Teilchenaustausch modellieren. Das Photonengas tauscht dabei permanent Teilchen und Energie mit dem deutlich größeren Reservoir der elektronischen Anregungen aus (Abb. 3.5a). Für

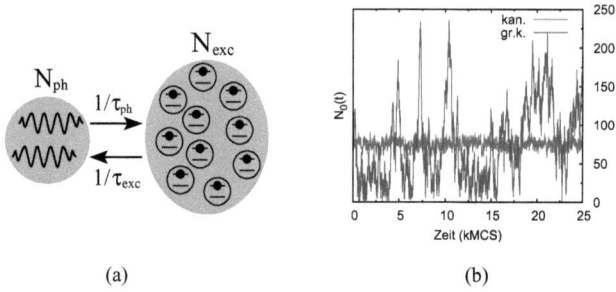

(a) (b)

Abbildung 3.5: (a) Teilchenaustausch zwischen dem Photonengas und einem Reservoir aus elektronisch angeregten Farbstoff-Molekülen. (b) Gezeigt ist der zeitliche Verlauf der Grundzustandsbesetzung $N_0(t)$ im kanonischen (kan.) bzw. großkanonischen (gr.k.) Ensemble am Beispiel zweier Monte-Carlo Simulation des idealen, zweidimensionalen Bose-Gas in einer Falle. Die Zeit ist dabei in Einheiten von 10^3 Simulationsschritten (MCS) angegeben. In beiden Fällen ist die (mittlere) Gesamtteilchenzahl $N = 100$ und die Temperatur $T = 2.5 \times \hbar\Omega/k_\mathrm{B}$. Beide Ensembles zeigen einen mittleren Besetzungsgrad von $N_0/N = 0.75$. Das großkanonische Ensemble erzeugt allerdings viel stärkere Fluktuationen.

die Thermodynamik des Photonengases erscheint es auf den ersten Blick unwesentlich, welches statistische Ensemble tatsächlich realisiert ist; immerhin sollten die Ensembles im thermodynamischen Limes äquivalent sein. Interessanterweise ist gerade die Bose-Einstein-Kondensation eine Ausnahme von dieser Regel [114–116]. Die Erwartungswerte stimmen hier nur in den niedrigsten Momenten der jeweiligen Größe überein. Beispielsweise gilt für die Grundzustandsbesetzung $\langle N_0^n \rangle_\mathrm{mikro} = \langle N_0^n \rangle_\mathrm{kan} = \langle N_0^n \rangle_\mathrm{groß}$ nur für $n = 1$. Die höheren Momente $n \geq 2$ stimmen nicht überein, insbesondere die des großkanonischen Ensembles weichen erheblich ab.

In der Bose-Einstein-Statistik ist die Wahrscheinlichkeit, n_i Bosonen im Zustand i zu finden, gegeben durch [116]:

$$p_i(n_i) = \frac{1}{1 + \langle n_i \rangle} \left(\frac{\langle n_i \rangle}{1 + \langle n_i \rangle} \right)^{n_i} \tag{3.32}$$

Dabei ist $\langle n_i \rangle$ der Erwartungswert für die Besetzung des Zustands i. Daraus folgt, dass die Standardabweichung der Besetzungszahl $\Delta n_i := \sqrt{\langle n_i^2 \rangle - \langle n_i \rangle^2}$ gegeben ist durch:

$$\Delta n_i = \sqrt{\langle n_i \rangle^2 + \langle n_i \rangle} \simeq \langle n_i \rangle \tag{3.33}$$

Für die Bose-Einstein-Statistik ist es also charakteristisch, dass die Standardabweichung der Besetzungszahl genauso groß ist wie die mittlere Besetzungszahl selbst. Im zeitlichen Verlauf zeigt die Besetzungszahl dementsprechend große Fluktuationen.

Bei der Bose-Einstein-Kondensation entsteht ein makroskopisch besetzter Grundzustand, dessen Besetzungszahl für niedrige Temperaturen praktisch genauso groß werden kann wie die

Gesamtteilchenzahl, $\langle N_0 \rangle \simeq N$. Es ist aber klar, dass eine Standardabweichung von $\Delta N_0 \simeq \langle N_0 \rangle \simeq N$ nach Gleichung (3.33) in den Ensembles mit fester Teilchenzahl unmöglich ist. Wird der Besetzungsgrad N_0/N zu groß, dann reicht der Vorrat an Teilchen in thermisch angeregten Zuständen irgendwann nicht mehr aus, um Kondensatfluktuationen von der Größenordnung 100% zu ermöglichen, siehe Abb. 3.5b. Davon sind beispielsweise alle atomaren Kondensate betroffen. Im Fall des Photonengases ist die Frage nach den Kondensatfluktuationen aber möglicherweise anders zu beantworten: Hier sollte dem Grundzustand, auch wenn er bereits makroskopisch besetzt ist, immer noch ein ausreichend großes Reservoir an elektronisch angeregten Farbstoffmolekülen zum Teilchenaustausch zur Verfügung stehen. Das könnte also zu ungewöhnlich großen Kondensatfluktuationen führen, sowohl im Vergleich zu atomaren Bose-Einstein Kondensaten als auch zum Laser. Für Laser ist beispielsweise bekannt, dass die Photonenzahlverteilung von Bose-Einstein-artig zu Poisson-artig wechselt [117], was mit einem drastischen Absinken der Teilchenzahlfluktuationen einhergeht [118].

Experimentell würden sich die Fluktuationen des Kondensates in der Kohärenz zweiter Ordnung nieder schlagen:

$$g^{(2)}(\tau) := \frac{\langle N_0(t)\, N_0(t+\tau) \rangle}{\langle N_0(t) \rangle^2} \quad \Longrightarrow \quad g^{(2)}(0) = \frac{\langle N_0(t)^2 \rangle}{\langle N_0(t) \rangle^2} \qquad (3.34)$$

Der Wert von $g^{(2)}(0)$ folgt direkt aus der Bose-Einstein-Verteilung (3.32), hängt aber zusätzlich noch davon ab, ob die Fragmentierung des Kondensats aufgrund der zweifachen Polarisationsentartung des Grundmoden durch die experimentellen Bedingungen aufgehoben wird oder nicht:

$$g^{(2)}(0) = \begin{cases} 2 & \text{nicht entartet} \\ \frac{3}{2} & \text{entartet} \end{cases} \qquad (3.35)$$

Wenn die großkanonische Modellierung auch oberhalb des Phasenübergangs Bestand hat, dann sollte der Grundzustand also starke Kurzzeitkorrelationen beibehalten, im Gegensatz zum Laser, der oberhalb der Schwelle den Wert $g^{(2)}(0) = 1$ annimmt.

3.4 Spektrale Temperatur und zweiter Hauptsatz

In diesem Abschnitt wird die Diskussion der spektralen Temperatur, die in Kapitel 2 begonnen wurde, noch um einen zusätzlichen thermodynamischen Aspekt erweitert. In Kapitel 2 wurde gezeigt, dass ein Photonengas ins thermische Gleichgewicht relaxiert, wenn die spektrale Temperatur des Mediums, mit dem es im thermischen Kontakt steht, keine Frequenzabhängigkeit zeigt, also $T_{\text{spec}}(\omega) = \hat{T} = \text{const.}$ Dann nimmt das Photonengas die Temperatur $\hat{T}$ an. Diese spektrale Temperatur $\hat{T}$ stimmt in vielen Fällen mit der thermodynamischen Temperatur T des Farbstoffs überein, aber nicht in allen. Die Frage ist nun, ob es aus thermodynamischer Sicht überhaupt möglich ist, dass zwei Systeme im thermischen Kontakt unterschiedliche Tempera-

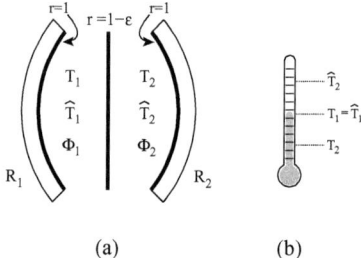

(a) (b)

Abbildung 3.6: Optische Kältemaschine. (a) Doppelresonator bestehend aus vollständig reflektierenden, äußeren Spiegeln und einen Trennspiegel kleiner Transmission. (b) Temperaturschema für den Betrieb als optische Kältemaschine.

turen annehmen.

Zu Untersuchung dieser Frage betrachten wir als physikalisches Modell ein Farbstoff-Doppelresonator-System wie in Abb. 3.6a gezeigt. Dieser Mikroresonator besteht aus drei Spiegel, von denen die beiden äußeren perfekt reflektierend sind, während der Spiegel in der Mitte eine endliche Reflektivität ($r < 1$) hat. Die Reflektivität r sei allerdings so hoch, dass Photonen nur selten die Resonatorhälften wechseln, und dass das Licht deshalb zu jedem Zeitpunkt im thermischen Gleichgewicht mit dem jeweiligen Farbstoffmedium steht. Zur Vereinfachung wird angenommen, dass der Trennspiegel ein perfekter Wärmeisolator ist, so dass Energieübertrag zwischen den Farbstofflösungen nur den Austausch von Photonen stattfindet, nicht aber durch Wärmeleitung. Wir betrachten nun den Fall, dass in einem der beiden, ansonsten identischen, Teilresonatoren ein Farbstoff mit $T_{\text{spec}}(\omega) = T$ und im anderen ein Farbstoff mit $T_{\text{spec}}(\omega) \neq T$ zum Einsatz kommt.

Zu Beginn seien die thermodynamischen Temperaturen der beiden Farbstofflösungen identisch, $T_1 = T_2$. Zu einem bestimmten Zeitpunkt werden dann Photonen in den Resonator eingebracht. Aufgrund des nun folgenden Thermalisierungsprozesses stellen sich mittlere transversale Photonenenergien $\langle u_1 \rangle = 2k_B \hat{T}_1$ bzw. $\langle u_2 \rangle = 2k_B \hat{T}_2$ ein (zwei kinetische und zwei potentielle Freiheitsgrade), dabei seien $\hat{T}_1 = T_1$ bzw. $\hat{T}_2 \neq T_2$ die spektralen Temperaturen der jeweiligen Farbstoffe, wobei im zweiten Fall eine Abweichung zwischen spektraler und thermodynamischer Temperatur angenommen wird. Wechselt ein Photon die Resonatorhälfte, findet im Mittel ein nicht-verschwindender Energieübertrag $2k_B(\hat{T}_2 - \hat{T}_1) \neq 0$ zwischen den Farbstofflösungen statt. Dieser Energieübertrag führt, sofern z.B. $\hat{T}_2 > \hat{T}_1$, zu einer Erwärmung der ersten und zu einer Abkühlung der zweiten. Der Prozess hört erst dann auf, wenn sich die spektralen Temperaturen angeglichen haben, also $\hat{T}_1 = \hat{T}_2$. Dann sind aber die thermodynamischen Temperaturen unterschiedlich, $T_1 > T_2$. Offensichtlich verletzt dieser Prozess den zweiten Hauptsatz der Thermodynamik. Die Problematik besteht nicht unbedingt darin, dass sich unterschiedliche Lösungsmitteltemperaturen einstellen, sondern darin, dass dafür offenbar keinerlei Arbeit investiert werden muss. Letzteres liegt daran, dass wir implizit eine Fluoreszenzquantenausbeute von $\Phi_2 = 1$ für den zweiten Farbstoff angenommen haben. Ist dagegen $\Phi_2 < 1$, so steht ein Photon nur für eine endliche Zahl von Fluoreszenzprozessen zur Verfügung. Dann ist der Gesamtenergieübertrag, den ein Photon im Mittel bewirkt, begrenzt und darüber hinaus muss für diesen Energieübertrag Arbeit, nämlich die Photonenenergie selbst, investiert werden.

Dieser Zusammenhang soll nun quantitativ untersucht werden, indem eine Obergrenze für die Fluoreszenzquantenausbeute hergeleitet wird, die bei einer gegebenen Abweichung zwischen spektraler und thermodynamischer Temperatur nicht überschritten werden darf. Wir betrachten dazu erneut den Doppelresonator-Aufbau und wollen ihn in eine optische Kältemaschine umwandeln, die Wärme vom kälteren Reservoir der Farbstofflösung 2 auf das wärmere Reservoir der Farbstofflösung 1 überträgt ($T_2 < T_1$). Damit das möglich ist, muss die spektrale Temperatur des zweiten Farbstoffs oberhalb der spektralen Temperatur des ersten Farbstoffs liegen, $\hat{T}_2 > \hat{T}_1 = T_1$, die wiederum mit der thermodynamischen Temperatur übereinstimmen soll (siehe die Temperaturskala in Abb. 3.6b). Darüber hinaus soll Farbstoff 1 eine perfekte Quantenausbeute haben, also $\Phi_1 = 1$. Weil durch durch die endliche Quantenausbeute von Farbstoff 2, $\Phi_2 < 1$, die Photonen mit der Zeit verloren gehen, muss die Photonenzahl durch ein externes Pumpen konstant gehalten werden, so dass ein „periodischer" Betrieb der Kältemaschine gewährleistet ist.

Der Wirkungsgrad dieser Maschine ist das Verhältnis aus Wärmeübertrag und investierter Arbeit, $\eta = \Delta Q/W$. Bestenfalls kann pro Fluoreszenzprozess eine mittlere Wärme von $\Delta Q = \Phi_2 2 k_B (\hat{T}_2 - T_1) - (1 - \Phi_2) \hbar\omega$ übertragen werden, wobei nur der erste Term zu einer Kühlung führt; der zweite Term ist der Anteil der Photonenenergie $\hbar\omega$, der im Mittel durch strahlungslose Übergänge zur Aufheizung führt. Dieser Term entspricht darüber hinaus auch der investierten Arbeit, $W = (1 - \Phi_2)\hbar\omega$. Die prinzipielle Obergrenze für den Wirkungsgrad der Kältemaschine ist der Carnot-Wirkungsgrad:

$$\frac{\Delta Q}{W} = \frac{\Phi_2 2 k_B (\hat{T}_2 - T_1) - (1 - \Phi_2)\hbar\omega}{(1 - \Phi_2)\hbar\omega} \leq \frac{T_2}{T_1 - T_2} \qquad (3.36)$$

Löst man nach Φ_2 auf, erhält man:

$$\Phi_2 \leq \frac{1}{1 + \frac{2k_B}{\hbar\omega}\left(T_2 + \hat{T}_2 - (T_2/T_1)(T_2 + \hat{T}_2)\right)} \qquad (3.37)$$

Diese Ungleichung gilt für alle Temperaturen T_1 (heißes Reservoir) im Bereich $T_2 < T_1 < \hat{T}_2$. Man kann daher die Temperatur T_1 auswählen, die die kleinste obere Schranke liefert. Eine kurze Rechnung zeigt, dass das für das harmonische Mittel $T_1 = \sqrt{T_2 \hat{T}_2}$ der Fall ist. Damit erhält man

$$\Phi \leq \frac{1}{1 + \frac{k_B}{\hbar\omega}\left(\sqrt{2\hat{T}} - \sqrt{2T}\right)^2} \qquad (3.38)$$

wobei wir noch den Index „2" weggelassen haben. Bei der Herleitung dieser Ungleichung wurde $\hat{T} > T$ (bzw. $\hat{T}_2 > T_2$) vorausgesetzt. Tatsächlich gilt (3.38) aber auch für $\hat{T} < T$; dann funktioniert die Apparatur als Wärmemaschine. Die Analyse des Wirkungsgrades führt aber ebenfalls zur Formel (3.38). Wir haben nun also eine prinzipielle obere Grenze für die Quantenausbeute eines Farbstoffs in Abhängigkeit von seiner spektralen Temperatur. Stimmen beide Temperaturen überein, so ist eine Quanteneffizienz $\Phi = 1$ erlaubt, andernfalls muss immer $\Phi < 1$ gelten.

Es ist naheliegend zu fragen, ob man mit Gleichung (3.38) eventuell die Quanteneffizienz eines Farbstoffs anhand seines Spektrums bestimmen kann. Dazu kann man ein Zahlenbeispiel betrachten: Bei einer Übergangslinie von 600 nm und Raumtemperatur liefert eine spektrale Temperatur von $\hat{T} = 1000$ K eine Obergrenze für die Quantenausbeute von $\Phi_{600\,nm}(1000\,K) \leq$ 98.3%. Dieser Wert ist trotz der recht starken Abweichung zwischen spektraler und thermodynamischer Temperatur immer noch sehr hoch. Tatsächlich zeigt sich, dass die Quanteneffizienzen realer Farbstoffe nahezu immer sehr weit unterhalb der Grenze liegen, die durch Formel (3.38) festgelegt wird. Dieser Befund ist auch plausibel, wenn man die Modellrechnung in Abschnitt 2.4 zu Grunde legt. Die spektrale Temperatur detektiert nämlich nur Quanteneffizienz*unterschiede* zwischen den Spezies, nicht aber das absolute Niveau. Die praktische Anwendbarkeit von Gleichung (3.38) ist deshalb auf solche Fälle beschränkt, bei denen zumindest für eine der beteiligten Molekülsorten $\Phi \approx 1$ gilt. Die spektrale Temperatur könnte beispielsweise im Fall ultradichter atomarer Gase bei hohen Puffergasdrücken, etwa Rubidium-Argon-Gemische [119–121], aufschlussreich sein. Hier ist bekannt, dass die spektrale Verteilung der Fluoreszenz, analog zur Regel von Kasha, unabhängig von der Anregungsfrequenz ist. Das legt einen Thermalisierungsprozess der Rb-Ar-Quasi-Moleküle im elektronisch angeregten Niveau nahe und lässt insbesondere auch die Bestimmung einer spektralen Temperatur nach Gleichung (2.17) zu. Käme es dabei zu Abweichungen von der Umgebungstemperatur, würde dies die Anwesenheit von strahlungslosen Übergängen nachweisen. Der Erfolg lasergestützter Kühlverfahren in dünnen atomaren Gasen, basiert u.a. darauf, dass strahlungslose Übergänge dort nicht existieren. Das Kühllimit in ultradichten atomaren Gasen könnte aber durchaus durch strahlungslose Übergänge begrenzt werden und die Bestimmung der spektralen Temperatur erscheint mir deshalb aufschlussreich.

Kapitel 4

Experimente zur Thermalisierung des transversalen Photonenzustands

4.1 Apparativer Aufbau

In diesem Kapitel werden experimentelle Ergebnisse vorgestellt, die den Thermalisierungsprozess der transversalen Freiheitsgrade der Photonen demonstrieren. Die Experimente finden bei relativ geringen Photonenzahlen, weit unterhalb der kritischen Photonenzahl, statt. Der experimentelle Aufbau, gezeigt in Abb. 4.1, besteht im wesentlichen aus Mikroresonator, Pumpquelle und Analyseeinheit. Der Mikroresonator wird unter einem Winkel von 45° zur optischen Achse durch einen Laser gepumpt und das aus dem Mikroresonator ausgekoppelte Licht wird räumlich und spektral analysiert.

Mikroresonator Der Mikroresonator besteht aus hochreflektierenden, sphärisch gekrümmten, dielektrischen Spiegeln der Firma Los Gatos Research, die üblicherweise für spektroskopische Zwecke eingesetzt werden („cavity ringdown spectroscopy" [122]). Die Reflektivität ist größer als 0.99997 für den Wellenlängenbereich (500 − 590) nm, mit einem Reflektivitätsmaximum von 0.999985 bei $\lambda \approx 535$ nm. Letzteres entspricht einer Finesse von $F \approx 200000$. Es stehen zwei verschiedene Krümmungsradien zur Verfügung, $R = 1$ m bzw. $R = 6$ m. Um einen Spiegelabstand von einigen wenigen Halbwellen auf der optischen Achse erreichen zu können, ohne dass sich die Spiegel aufgrund der Krümmung an den Rändern berühren, wird die Spiegeloberfläche eines der beiden Spiegel auf eine Fläche von ca. 1 mm × 1 mm verkleinert. Bei dieser Prozedur wird zunächst der Originalspiegel (Durchmesser 1") in 5 mm × 5 mm große Teilstücke zerteilt. Die Ränder dieser Teilstücke werden dann geschliffen bis die Oberfläche des Spiegels hinreichend klein ist. Die Spiegelbearbeitung kann zu Beschädigungen und damit zur Beeinträchtigung der Reflektivität führen kann. Oftmals sind solche Beschädigungen bereits unter dem Lichtmikroskop zu erkennen. Um sie aber sicher ausschließen zu können, wurde stichprobenweise die Lichtabklingzeit des (bei diesen Messungen farbstofffreien) Resonators bestimmt, siehe auch die Diplomarbeit von Florian Schelle [123]. Dazu wird Laserlicht parallel zur optischen Achse auf den Resonator eingestrahlt und die Resonatorlänge durch ein

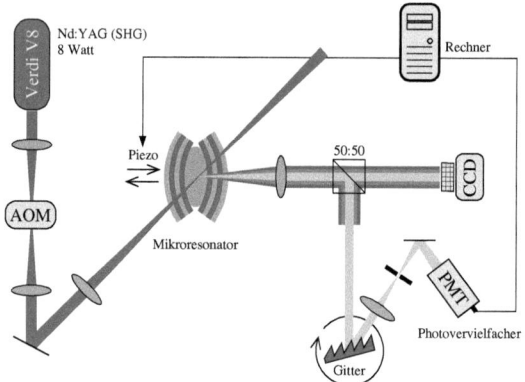

Abbildung 4.1: Schematischer Aufbau des Mikroresonator-Experiments. Der Mikroresonator wird unter einem Winkel von 45° zur optischen Achse gepumpt. Die ausgekoppelte Mikroresonator-Strahlung wird räumlich und spektral analysiert.

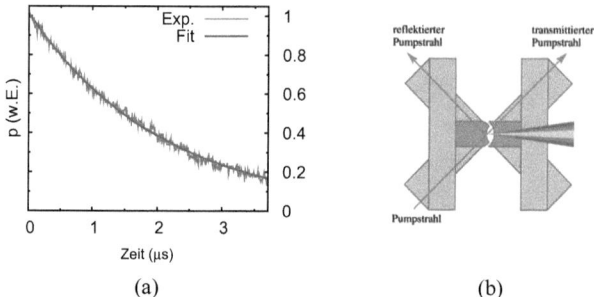

Abbildung 4.2: (a) Messbeispiel (Exp.) für die Abklingkurve des im Resonator gespeicherten Lichts, zusammen mit einer exponentiellen Anpassung $p/p_0 = \exp(-t/\tau)$ (Fit). Bei dieser Messung befindet sich kein Farbstoff zwischen den Spiegeln. (Wellenlänge $\lambda = 532\,\text{nm}$, Resonatorlänge $D = 17\,\text{mm}$, Abklingzeit $\tau = 2.06(1)\,\mu\text{s}$) (b) Strahlengang zum Mikroresonator. Das Pumplicht wird unter einem Winkel von 45° zur optischen Achse eingestrahlt.

Piezoelement periodisch variiert. Der Resonator gerät zwischenzeitlich immer wieder in Resonanz mit der Laserstrahlung, was einen Anstieg der Lichttransmission nach sich zieht. Erreicht die transmittierte Lichtleistung ein bestimmtes Niveau, wird das Laserlicht akusto-optisch ausgeschaltet. Aus der Abklingzeit der dann im Resonator gespeicherten Lichtleistung lässt sich die Reflektivität der Spiegel sehr genau bestimmen. Eine typische Abklingkurve ist in Abb. 4.2a gezeigt. Die Abklingzeit von $\tau = 2.06(1)\,\mu s$ bei einer Resonatorlänge von $L = 17\,mm$ lässt hier auf eine Reflektivität von $r = 1 - L/c\tau = 0.99997250(15)$ bzw. auf eine Finesse von $F = \pi c \tau / L \approx 115000$ schließen, was ein typischer Wert für diese Messung ist - sowohl für die bearbeiteten Spiegel als auch für die Originalspiegel. Die Abweichung von der maximal möglichen Finesse von $F \approx 200000$ deutet deshalb nicht auf Beschädigungen der Spiegeloberfläche hin, sondern wird durch Staubablagerungen aus der Umgebungsluft verursacht, die sich innerhalb weniger Minuten auf die Spiegel nieder setzen.

Die Resonatorspiegel werden auf einem Glassubstrat befestigt an das zusätzlich noch Prismen angebracht werden, die ein Pumpen der Farbstofflösung unter einem Winkel von 45° zur optischen Achse ermöglichen (siehe Abb. 4.2b). Bei diesem Winkel, und bei einer bestimmten Polarisation, befindet sich das erste Reflektivitätsminimum der Spiegel, das maximal eine Pumpstrahltransmission von 80% zulässt. Den Resonator auf diese Art zu pumpen hat den Vorteil, dass Resonanzbedingungen bzw. Modenanpassung keine Rolle spielen. Das Pumplicht kann an eine beliebige Stelle des Resonators fokussiert oder aber relativ flächig auf den gesamten Resonator verteilt werden. Einer der Resonatorspiegel ist zudem auf einem Piezo-Verschiebetisch montiert, so dass eine kontrollierte Variation des Spiegelabstands über bis zu $10\,\mu m$ ermöglicht wird. Darüber hinaus kann auf diese Weise eine elektronische Stabilisierung des Spiegelabstands realisiert werden. Dazu wird das Fluoreszenzspektrum der Mikroresonatorstrahlung durch einen Computer elektronisch erfasst. Anhand dieses Spektrums kann die Abschneidewellenlänge des Resonators bestimmt und mit einem vorgegebenen Soll-Wert verglichen werden. Der Rechner variiert dann die am Piezo anliegende Spannung so, dass Soll- und Ist-Wert übereinstimmen. Die auf diese Weise im Experiment realisierte Regelungsbandbreite ist relativ gering ($\approx 1\,Hz$), reicht aber aus, um thermisch bedingte Schwankungen des Spiegelabstands zu kompensieren. Zudem sorgt eine hohe passive Stabilität des Resonators, sowohl durch eine mechanische Entkopplung vom optischen Tisch [123] als auch aufgrund der Dämpfung durch die sich zwischen den Spiegeln befindende Farbstofflösung dafür, dass schnelle Fluktuationen effektiv unterdrückt werden. Bei manchen Messungen ist es vorteilhaft, wenn die Abstandsregelung getaktet wird, d.h. während der Messzeit (einige Sekunden) wird die Regelung abgeschaltet, nach der Messung wird sie aber wieder angeschaltet, um eventuell aufgetretene Abstandsveränderungen zu kompensieren und so den Resonator für einen weiteren Messzyklus vorzubereiten.

Als Farbstoff wird entweder Rhodamin 6G oder Perylendiimid (PDI) [124] verwendet (siehe Abb. 4.3). Diese Farbstoffe besitzen eine hohe Quantenausbeute, $\Phi_{R6G} \approx 0.95$ [113] bzw. $\Phi_{PDI} \approx 0.97$ [125], und haben eine spektrale Temperatur, die sehr gut mit der Umgebungstemperatur übereinstimmt (siehe Abb. 2.3). Für das Rhodamin werden vorzugsweise Methanol bzw.

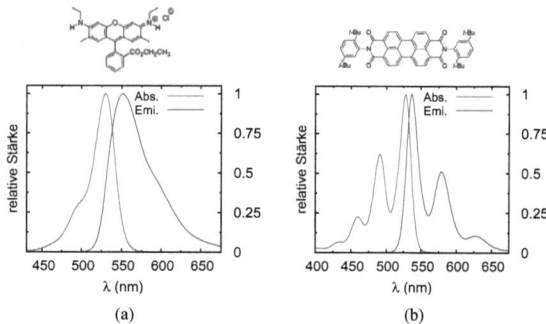

Abbildung 4.3: Relative Stärken von Absorption $\alpha(\lambda)/\alpha_{max}$ und Fluoreszenz $f(\lambda)/f_{max}$ sowie die Strukturformeln der Farbstoffe (a) Rhodamin 6G bzw. (b) Perylendiimid.

Ethylenglykol als Lösungsmittel eingesetzt, beim PDI wird Aceton verwendet. Eine mehrfache Filterung der Farbstofflösungen hat sich als notwendig erwiesen, da nur so ungelöste Farbstoffpartikel und andere Verunreinigungen entfernt werden können. Um eine hinreichend starke Reabsorption im Mikroresonator erzielen zu können, müssen relativ hoch konzentrierte Farbstofflösungen verwendet werden. Da strahlungslose Desaktivierung von angeregten Farbstoffmolekülen mit steigender Konzentration zunimmt, müssen aber bestimmte Grenzen eingehalten werden. Bei Rhodamin 6G wird eine Konzentration von typischerweise $\varrho = 1.5 \times 10^{-3}$ Mol/l verwendet, was etwa eine Größenordnung unterhalb des Konzentrationsbereiches liegt, in dem die Quantenausbeute merklich einbricht [126–128].

Pumpquelle Zum optischen Pumpen des Farbstoffs wird ein frequenzverdoppelter Neodym-YAG-Laser (Verdi V8) der Firma Coherent verwendet, der bei einer Wellenlänge von $\lambda = 532$ nm eine maximale Ausgangsleistung von $P_{pump} = 8$ W emittiert. Zum schnellen Schalten des Strahls kommen zwei akusto-optische Modulatoren (AOM) zum Einsatz.

Analyseeinheit Die Analyse des vom Mikroresonator emittierten Lichts wird durch ein Spektrometer und eine Kamera durchgeführt. Durch einen Strahlteiler wird das Licht in zwei Teilstrahlen aufgeteilt. Mit Hilfe einer Abbildungsoptik wird ein Teil des Lichts als reelles Bild auf den CCD-Chip der Kamera abgebildet, was die Analyse der räumlichen Photonenverteilung im Mikroresonator zulässt. Ein anderer Teilstrahl wird spektral zerlegt. Bei der spektralen Analyse muss folgendes beachtet werden: Die hohen transversalen Moden besitzen sowohl eine größere räumliche Ausdehnung im Strahlfokus als auch eine größere Divergenz als die niedrig angeregten transversalen Moden. Das macht sich dann bemerkbar, wenn das Mikroresonatorlicht den Eingangsspalt eines Spektrometers passieren soll. Der Eingangsspalt des von uns verwendeten Spektrometer Tristan light der Firma M.U.T. (optisches Auflösungsvermögen ≈ 2 nm) hat eine Breite von lediglich 15 µm. Im Unterschied zu den niedrigen transversalen Moden können die hohen transversalen Moden nicht so stark fokussiert werden, dass sie diesen Eingangsspalt vollständig passieren. Der Eingangsspalt ist damit farblich nicht mehr neutral. Dieses Problem lässt sich umgehen, wenn man eine Streuscheibe vor den Eingangsspalt des Spektrometers platziert, die die Korrelationen zwischen Ort, Winkel und Farbe aufhebt. Das hat allerdings den Nachteil, dass dadurch die Signalstärke stark herabgesetzt wird. Der experimentelle Aufbau enthält noch ein zweites Spektrometer, das dieses Problem umgeht. Eine vorteilhaftere Methode besteht nämlich darin, auf den Eingangsspalt zu verzichten. Das ist möglich, weil das vom Mikroresonator emittierte Licht ohnehin nur schwach divergent ist und deshalb eine hinreichende Kollimierung auch ohne Eingangsspalt möglich ist. In diesem zweiten Spektrometeraufbau (Abb. 4.1) wird das zu analysierende Mikroresonatorlicht aufgeweitet, kollimiert und direkt auf ein rotierendes Gitter (2400 Striche/mm) eingestrahlt. Das gebeugte Licht passiert dann einen Ausgangsspalt und wird von einem Photoelektronenmultiplizierer (PMT) detektiert. Auf diese Weise kann eine sehr hohe Detektionsempfindlichkeit erreicht werden. Weil aber die unterschiedlichen Wellenlängen aufgrund der Rotation des Gitters nicht gleichzeitig detektiert werden, eignet sich dieses Spektrometer nicht, wenn mit gepulstem Pumplicht gearbeitet wird.

4.2 Spektrale und räumliche Photonenverteilung

Abbildung 4.4 zeigt die typische experimentell beobachtete spektrale Verteilung des vom Farbstoff-Mikroresonator emittierten Lichts für unterschiedliche Spiegelabstände. Aus dem spektralen Abstand der Intensitätsmaxima lässt sich der freie spektrale Bereich, der Spiegelabstand und die longitudinale Modenzahl q bestimmen. Bei sehr kleinen Spiegelabständen wird ein Bereich erreicht, in dem die Fluoreszenz nur noch Photonen mit einer einzigen longitudinalen Modenzahl erzeugt. Der longitudinale Freiheitsgrad der Photonen ist dann ausgefroren und das Photonengas lässt sich als zweidimensionales Bose-Gas auffassen, was sich unter anderem dadurch bemerkbar macht, dass die Spektren eine Abschneidefrequenz aufweisen, unterhalb der keine relevanten Photonenpopulationen mehr messbar sind. Der kürzeste Spiegelabstand, der sich mit dem Mikroresonator realisieren lässt, beträgt $q = 7$ Halbwellen. Der Photonengrundzustand ist dementsprechend der TEM_{700}-Zustand, dessen Wellenlänge λ_0 über eine Feineinstellung des Spiegelabstands typischerweise in den spektralen Bereich $(580 - 590)$ nm gelegt wird. Die erwarteten Resonanzen des Mikroresonators für diese experimentelle Situation waren in Abb. 1.4 zusammen mit den spektralen Verläufen von Fluoreszenz und Absorption schematisch dargestellt.

Der limitierende Faktor, der eine weitere Annäherung der Spiegel verhindert, ist offenbar das Eindringen des Lichtfeldes in die Spiegel. Die effektiven Endknoten der optischen Resonanz liegen nämlich innerhalb des Spiegelmaterials. Das lässt sich z.B. aus Messungen des Transmissionsgrades der Pumpleistung schließen. Die Transmission des Pumpstrahls durch den Resonator als Funktion der longitudinalen Modenzahl q, Abb. 4.5, zeigt erwartungsgemäß einen

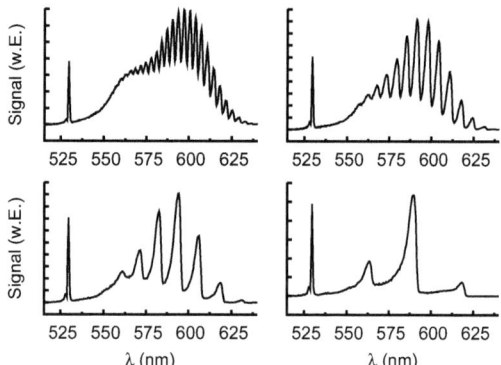

Abbildung 4.4: Spektrale Verteilung der Mikroresonator-Strahlung für verschiedene Spiegelabstände. (Rhodamin 6G in Methanol, $\varrho = 1.5 \times 10^{-3}\,\text{Mol/l}$, Spiegelradien $R_1 = 1\,\text{m}$ und $R_2 = 6\,\text{m}$)

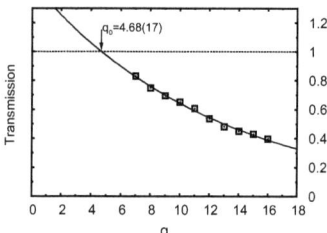

Abbildung 4.5: Transmissionsgrad des Pumpstrahls (Quadrate) in Abhängigkeit zur longitudinalen Anregungszahl q. Die durchgezogene Linie entspricht dem Lambert-Beersche Absorptionsgesetz $I(q)/I_0 = \exp(-\alpha(q - q_0)\lambda_0/2n_0)$ mit dem Anpassungsparameter $q_0 = 4.68 \pm 0.17$. Die Messung zeigt, dass die effektiven Endknoten der optischen Resonanz innerhalb der Spiegel liegen. (Rhodamin 6G in Methanol, $\varrho \approx 2 \times 10^{-2}\,\text{Mol/l}$, Spiegelradien $R_1 = R_2 = 1\,\text{m}$)

exponentiellen Abfall (Lambert-Beersches Gesetz, durchgezogene Linie). Allerdings extrapoliert die Kurve auf volle Transmission bei $q = q_0 = 4.68 \pm 0.17$. Die Dicke des Farbstofffilms D_{dye} ist damit offenbar nicht proportional zur Modenzahl q, sondern proportional zu $q - q_0$, also $D_{\text{dye}} \propto (q - q_0)$. Die tatsächliche Dicke der Farbstofffilms beträgt bei $q = 7$ also nur etwas über zwei optische Halbwellen. Daraus kann man schließen, dass die effektiven Endknoten der Resonanz jeweils ≈ 2.3 Halbwellen, also ungefähr $(400 - 450)$ nm, weit in den Spiegeln liegen. Longitudinale Modenzahlen $q < 5$ sind mit diesen Spiegel also prinzipiell nicht möglich ist. Zu bemerken ist noch, dass für die Messung in Abb. 4.5 eine sehr hoch konzentrierte Rhodamin 6G Lösung verwendet wurde, $\varrho \approx 2 \times 10^{-2}$ Mol/l, um hier eine klar beobachtbare Absorption zu erreichen. Das Transmissionsniveau bei den übrigen Messungen liegt deutlich höher, $> 99\%$, d.h. üblicherweise wird weniger als 1% Prozent der Pumpleistung, die die Resonatorspiegel passiert, in der Farbstofflösung auch absorbiert.

Der eigentliche Grundzustand des Resonators ist die Halbwellen-Resonanz TEM$_{100}$. Dass ein Ausfrieren des longitudinalen Freiheitsgrades bei Spiegelabständen größer als einer Halbwelle möglich ist, hier $q = 7$, ist auf den ersten Blick nicht völlig offensichtlich: Fluoreszenz in TEM$_{8mn}$-Moden oder aber in transversal niedrig angeregte TEM$_{6mn}$-Moden ist offenbar energetisch ausgeschlossen, da die spektrale Breite der Fluoreszenz dafür nicht ausreicht (Abb. 1.4). Fluoreszenz in transversal hoch angeregte TEM$_{6mn}$-Moden ist aber energetisch erlaubt. Allerdings ist davon auszugehen, dass diese Zerfälle aufgrund des großen Modenvolumens und des dadurch geringen Purcell-Faktors, Gleichung (1.21), deutlich langsamer sind als Zerfälle in die energetisch gleichwertigen, aber transversal niedrig angeregten TEM$_{7mn}$-Moden. Auch experimentell zeigt sich, dass ein Springen in Zustände mit tieferen longitudinalen Modenzahlen, zumindest bei hinreichend kleinen Spiegelabständen, kein relevanter Verlustmechanismus für das zweidimensionale Photonengas ist.

Messungen der spektralen Photonenverteilung im Mikroresonator bei Raumtemperatur, $T = 300$ K, und für einen geheizten Resonator bei $T = 365$ K sind in Abb. 4.6 (Kreise) wiedergegeben. Die ausgekoppelte Lichtleistung, $P_{\text{out}} = (50 \pm 5)$ nW, lässt auf eine mittlere Photonenzahl von $N = 60 \pm 10$ innerhalb des Resonators schließen. Mit Gleichung (3.21) ergibt sich daraus ein chemisches Potential von $\mu/k_{\text{B}}T = -6.76 \pm 0.17$ ($T = 300$ K) bzw. $\mu/k_{\text{B}}T = -7.16 \pm 0.17$ ($T = 365$ K). Die Messungen finden also fernab des Phasenübergangs statt, da diese erst bei einer kritischen Photonenzahl von $N_{\text{c}} \simeq 83000$ für die gegebenen Parameter, erwartet wird (dann gilt $\mu \to 0$). Dementsprechend ist der Summand „-1" im Nenner der Bose-Einstein-Verteilung (1.1) für die hier gezeigten Messungen vernachlässigbar und man erwartet eine Boltzmann-artige Verteilung der Photonenenergien $n_{\mu,T}(u) \simeq g(u) \exp(-(u - \mu)/k_{\text{B}}T)$. Tatsächlich zeigen die gemessenen Spektren sowohl für $T = 300$ K als auch für $T = 365$ K eine gute Übereinstimmung mit den theoretischen Erwartungen (durchgezogene Linien in Abb. 4.6, zum Vergleich wurde in das untere Diagramm ($T = 365$ K) noch eine $T = 300$ K-Boltzmann-Verteilung gestrichelt eingezeichnet). Deutlichere Abweichungen sind nur bei Wellenlängen um 532 nm zu erkennen. Letztere sind durch ungewolltes Einfangen von gestreutem Pumplicht zu erklären.

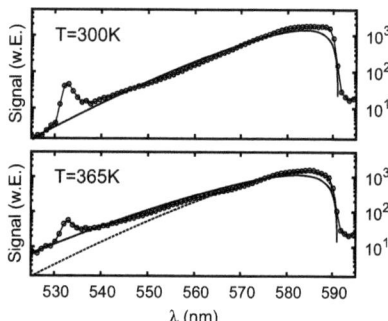

Abbildung 4.6: Spektrale Verteilung der Mikroresonator-Strahlung weit unterhalb der kritischen Photonenzahl bei $T = 300\,\text{K}$ und $T = 365\,\text{K}$ (Kreise). Die Spektren stimmen sehr gut mit Boltzmann-verteilten Photonenenergien (Linien) überein. In das untere Diagramm wurde zum Vergleich zusätzlich eine $T = 300\,\text{K}$ Boltzmann-Verteilung eingezeichnet (gestrichelte Linie). (Rhodamin 6G in Ethylenglykol, $\varrho = 5 \times 10^{-4}\,\text{Mol/l}$, Spiegelradien $R_1 = R_2 = 1\,\text{m}$, $q = 7$)

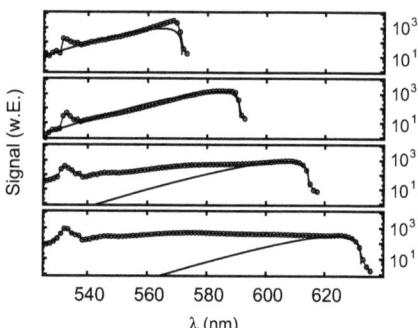

Abbildung 4.7: Normierte spektrale Verteilung der Mikroresonator-Strahlung (Kreise) für vier verschiedene Abschneidewellenlängen λ_0. Zusätzlich sind Boltzmann-verteilte Photonenenergien eingezeichnet (Linien). (experimentelle Parameter wie in Abb. 4.6 für $T = 300\,\text{K}$)

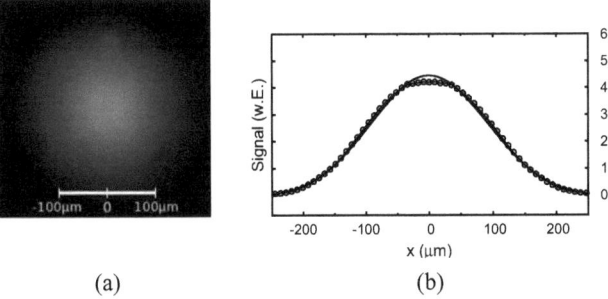

(a) (b)

Abbildung 4.8: (a) Bild des Photonengases (reelle Abbildung auf den Sensor einer Farb-CCD-Kamera). Niederenergetische (gelbe) Photonen werden aus der unmittelbaren Umgebung des Fallenzentrums emittiert, die Emission von höher energetischen (grünen) Photonen erfolgt auch außerhalb des Zentrums. (b) Photonenverteilung entlang einer Achse durch das Fallenzentrum (Kreise), abgeleitet aus Abb. 4.8a. Die theoretische Verteilungsfunktion basiert auf einer thermischen Mittelung über alle Resonatormoden und entspricht einer Gauß-Verteilung. (experimentelle Parameter wie in Abb. 4.6)

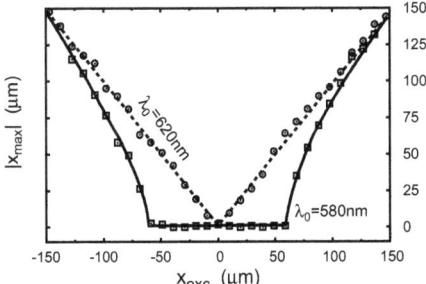

Abbildung 4.9: Abstand des Fluoreszenzmaximums vom Fallenzentrum, $|x_{\max}|$, als Funktion der Pumportes, x_{exc}. Bei einer Abschneidewellenlänge von $\lambda_0 = 620$ nm (schwache Reabsorption) folgt das Fluoreszenzmaximum genau dem Pumport (Kreise verbunden mit gestrichelter Linie), bei $\lambda_0 = 580$ nm (starke Reabsorption) sammeln sich die Photonen im Fallenzentrum, $x_{\max} = 0$, sofern der Pumport weniger als 60 µm vom Fallenzentrum entfernt ist (Quadrate verbunden mit durchgezogener Linie). (PDI in Aceton, $\varrho = 0.75$ g/l, Spiegelradien $R_1 = R_2 = 1$ m, $q = 7$)

Die Diskussion in Kapitel 2 zeigte, dass eine Thermalisierung des paraxialen Photonengases nur dann erwartet wird, wenn der thermische Kontakt durch Reabsorption hergestellt ist. Um diesen Sachverhalt experimentell zu überprüfen, wird die Abschneidewellenlänge λ_0 mit Hilfe der Piezo-Spannung variiert (Abb. 4.7). Bei kleinen Wellenlängen ist der Absorptionskoeffizient der Farbstofflösung größer und damit auch die Reabsorption. Der thermische Kontakt sollte deshalb bestehen bleiben, wenn λ_0 zu kleinen Wellenlängen verschoben wird. Die oberste Kurve in Abb. 4.7 bestätigt das. Auch hier lässt sich ein thermisches Abfallen der transversalen Anregungen feststellen (wenngleich die spektrale Verteilung auch eine gewisse Überbetonung der transversal niedrig angeregten Moden anzeigt). Bei großen Wellenlängen wird der Absorptionskoeffizient und damit auch die Reabsorption immer kleiner. Der thermische Kontakt beginnt abzureißen, was sich in spektralen Verteilungen bemerkbar macht, die nicht mehr völlig bzw. gar nicht mehr thermisch sind (untere zwei Spektren in Abb. 4.7). Eine ganz analoge Beobachtung ergibt sich, wenn anstatt der Abschneidewellenlänge die Farbstoffkonzentration verändert wird. Bei kleinen Farbstoffkonzentrationen wurden nur teilweise bzw. gar nicht thermalisierte Spektren beobachtet.

Neben der spektralen zeigt auch die räumliche Photonenverteilung die erwarteten Merkmale eines thermischen Gases. Abb. 4.8 zeigt das Bild des Photonengases aufgenommen durch eine Farb-CCD-Kamera. Dazu wurde durch eine Abbildungsoptik ein reelles Bild des Photonengases auf den Sensor der verwendeten Kamera erzeugt. Transversal niedrig angeregte Photonen (gelb) werden aus der unmittelbaren Umgebung des Fallenzentrums emittiert, die Emission von transversal höher angeregten Photonen (grün) erfolgt auch außerhalb des Zentrums. Hieran lässt sich der Einfluss der Spiegelkrümmung bzw. des transversalen Fallenpotentials wiedererkennen. Aus der quantitativen Auswertung von Abb. 4.8a ergibt sich darüber hinaus die in Abb. 4.8b gezeigte räumliche Verteilung der Photonen entlang einer Achse durch das Fallenzentrum (x-Achse). Die durchgezogene Linie gibt den thermischen Erwartungswert wieder, gemäß Gleichung 3.30 für $y = 0$ und $N \ll N_c$. Der theoretisch erwartete Intensitätsverlauf, der weit unterhalb des Phasenübergangs in guter Näherung einer Gauß-Verteilung entspricht, zeigt in der Tat eine gute Übereinstimmung mit den Messpunkten. Letzteres ist aber nicht unerwartet, da bereits die spektrale Analyse thermische Gewichtungsfaktoren für die transversalen Photonenzustände festgestellt hat. Die räumliche Verteilung bestätigt dies, was aber kein völlig unabhängiges Merkmal ist. Generell liefern aber sowohl die spektrale als auch die räumliche Verteilung der Photonen einen deutlichen Hinweis darauf, dass sich das zweidimensionale Photonengas im thermischen Gleichgewicht befindet.

4.3 Räumliche Umverteilung durch Thermalisierung

Zusätzlich zur Untersuchung der spektralen und räumlichen Photonenverteilung wurden weitere Messungen zur Charakterisierung des Thermalisierungsprozesses durchgeführt. Dazu wurde das

Photonengas nicht wie bei den bisherigen Messungen im Fallenzentrum, sondern weiter außerhalb gepumpt. Aufgrund des Thermalisierungsprozesses würde man nun erwarten, dass sich die Photonen dennoch im Fallenzentrum ansammeln, da hier ein Minimum der potentiellen Energie vorliegt. Das Resultat einer entsprechenden Messung ist in Abb. 4.9 gezeigt. Für die Messung wurde der Abstand des Fluoreszenzmaximums vom Fallenzentrum als Funktion des Pumportes erfasst, d.h. der Pumport wird schrittweise auf einer Geraden durch das Fallenzentrum durchgefahren und bei jeder Position x_{exc} wird der Abstand $|x_{max}|$ des hellsten Fluoreszenzpunktes vom Zentrum notiert. Die Halbwertsbreite des Pumpflecks ist dabei ungefähr $\approx 25\,\mu m$. Diese Messung wird für zwei verschiedene Abschneidewellenlängen λ_0 durchgeführt. Bei $\lambda_0 \approx 620\,nm$ ist die Reabsorption des Fluoreszenzlichts aufgrund des kleineren Absorptionskoeffizientens und der geringeren Spiegelreflektivität so schwach, dass es den Resonator in unmittelbarer Umgebung des Pumports wieder verlässt, d.h. Pumport und Intensitätsmaximum sind identisch (Kreise verbunden mit gestrichelter Linie). Bei einer Abschneidewellenlänge $\lambda_0 \approx 580\,nm$ ist die Reabsorption dagegen stark genug, um mehrfache Absorptions-Fluoreszenzzyklen und damit den Thermalisierungsprozess zu ermöglichen. Dieser führt dazu, dass sich der überwiegende Teil der Photonen im Potentialminimum ansammelt bevor sie verloren gehen. Das funktioniert allerdings nur, wenn die Photonen weniger als $60\,\mu m$ von der optischen Achse erzeugt werden. Wird der Resonator weiter außerhalb gepumpt, erreichen sie nicht mehr ihre Gleichgewichtsverteilung bevor sie den Resonator verlassen. Die beobachtete Ansammlung der Fluoreszenzstrahlung im Fallenzentrum trotz eines Pumpens abseits des Zentrums kann als weiterer Beleg für einen Thermalisierungsprozess interpretiert werden.

Es kann angenommen werden, dass der beobachtete Einbruch des „Rückstelleffektes" im Zusammenhang mit der im Experiment begrenzten mittleren Anzahl an Absorptions-Fluoreszenzzyklen steht, die ein Photon durchläuft bevor es den Resonator verlässt. Für größere Entfernungen vom Fallenzentrum reicht diese nicht aus, um das Pumplicht ins Gleichgewicht zu überführen. Der wichtigste Verlustkanal ist die Kopplung an nicht-gefangene Moden. Die im Experiment verwendeten Mikroresonatorspiegel zeigen einen Reflektivitätseinbruch unter großen Einfallswinkeln. Bei jedem Fluoreszenzprozess besteht deshalb eine nicht zu vernachlässigende Wahrscheinlichkeit, dass das Photon aus dem Resonator gestreut wird. Zum jetzigen Stand des Experiments kann dieser Effekt allerdings noch nicht exakt quantifiziert werden (eine Abschätzung ist in Abschnitt 5.4 zu finden). Ein zweiter wichtiger Verlustkanal ist strahlungslose Desaktivierung. Aufgrund der begrenzten Quanteneffizienz Φ des Farbstoffs kann jedes Photon im Mittel nur eine bestimmte Anzahl von Reabsorptionszyklen durchlaufen. Diese erwartete mittlere Anzahl ist durch $\sum_{n=0}^{\infty} \Phi^n (1-\Phi)n = \Phi/(1-\Phi)$ gegeben. Für Rhodamin 6G ($\Phi_{R6G} = 0.95$) entspricht das einer mittleren Zahl von 19 Fluoreszenzprozessen; für PDI ($\Phi_{PDI} = 0.97$) sind es 32 (die Quanteneffizienzen sind aufgrund der verkürzten Lebensdauer der angeregten Moleküle im Resonator vermutlich sogar noch größer als die im freien Raum, die hier verwendet wurden). Diese Zahlen sind relativ groß, so das zu vermuten ist, das die endliche Quanteneffizienz ein eher nachgeordneter Verlustkanal ist.

Kapitel 5

Experimente zur Bose-Einstein-Kondensation von paraxialem Licht

5.1 Spektrale und räumliche Photonenverteilung

Im Folgenden wird das Verhalten des Photonengases für größere Teilchenzahlen untersucht. Dazu wird der Resonator mit höheren Leistungen gepumpt. Die typischerweise verwendeten Pumpleistungen sind etwa drei Größenordnungen größer als bei den Messungen in Kapitel 4 und liegen im Bereich $P_{\text{pump}} \gtrsim 100\,\text{mW}$. Davon wird allerdings weniger als $1\,\text{mW}$ tatsächlich auch im Resonator absorbiert. Um übermäßige Population von Farbstoff-Triplettzuständen und Wärmeeintrag zu verhindern, wird das Pumplicht für diese Messungen in Rechteckpulse mit einer Pulsdauer von $0.5\,\mu\text{s}$ moduliert. Der Arbeitszyklus ist typischerweise 1:16000, d.h. nach jedem Rechteckpuls folgt eine Dunkelphase von $8\,\text{ms}$ Dauer. Die Pulsdauer orientiert sich daran, ob die im Resonator gespeicherte Lichtleistung während des Pulses konstant bleibt. Für Pulslängen oberhalb von $\approx 0.5\,\mu\text{s}$ wird ein zeitlicher Abfall der Fluoreszenz beobachtet, der auf eine zunehmende Population von Triplettzuständen zurückzuführen ist. Diese Zeitskala ist auch im Zusammenhang mit Farbstofflasern bekannt, sofern keine Triplett-Quencher verwendet werden [129]. Da die Dauer des Rechteckpulses aber mindestens zwei Größenordnungen größer ist als die Lebensdauer des elektronisch angeregten Farbstoffniveaus und etwa vier Größenordnungen größer als die Lebensdauer der Photonen im Resonator, herrschen quasi-statische Bedingungen.

Die spektrale Verteilung der Photonen für steigende zirkulierende Lichtleistung ist in Abb. 5.1 wiedergegeben und der darin eingebettete Graph zeigt die theoretisch erwarteten Spektren basierend auf einer 300 K-Bose-Einstein-Verteilung der transversalen Anregungen. Die Lichtleistung im Resonator wird durch eine Messung der ausgekoppelten Leistung bestimmt, mit dem Transmissionskoeffizienten der Spiegel als Proportionalitätskonstante. Bei kleiner zirkulierender Lichtleistung lässt sich die spektrale Verteilung der Photonen, wie bereits in Kapitel 4 genauer untersucht, gut durch eine Boltzmann-Verteilung modellieren. Für größere Lichtleistungen verschiebt sich das Verteilungsmaximum einige Nanometer zu größeren Wellenlängen und wird

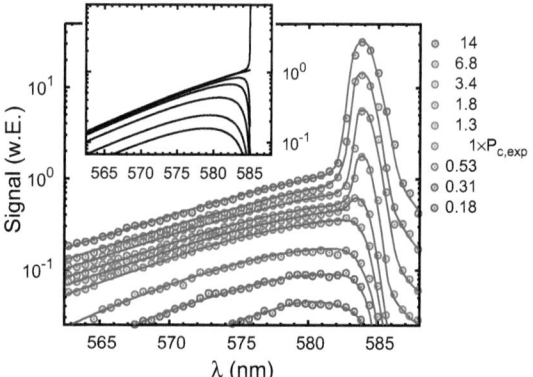

Abbildung 5.1: Spektrale Photonenverteilung bei steigender zirkulierender Lichtleistung. Die Lichtleistungen sind in Einheiten der experimentell bestimmten kritischen Leistung $P_{c,\text{exp}} = (1.55 \pm 0.60)\,\text{W}$ angeben, die einer kritischen Photonenzahl von $N_c = (6.3 \pm 2.4) \times 10^4$ entspricht (Rhodamin 6G in Methanol, $\varrho = 1.5 \times 10^{-3}\,\text{Mol/l}$, Spiegelradien $R_1 = R_2 = 1\,\text{m}$, $q = 7$, Pulsdauer $0.5\,\mu\text{s}$). Der eingebettete Graph zeigt theoretische Spektren basierend auf einer Bose-Einstein-Verteilung der transversalen Anregungen.

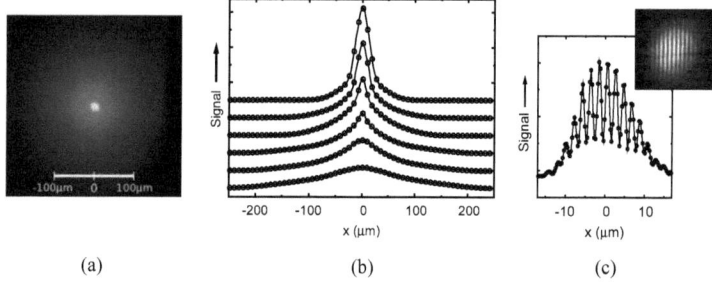

Abbildung 5.2: (a) Bild des Photonengases (reelle Abbildung auf den Sensor einer Farb-CCD-Kamera). Niederenergetische (gelbe) Photonen werden aus der unmittelbaren Umgebung des Fallenzentrums emittiert, die Emission von höher energetischen (grünen) Photonen erfolgt auch außerhalb des Zentrums. (b) Photonenverteilung entlang einer Achse durch das Fallenzentrum (Kreise). (c) Überlagerung zweier Teilstrahlen des Lichtkondensates durch ein Michelson-Interferometer. Die Weglängendifferenz der beiden Interferometerarme beträgt hier 15 mm. (experimentelle Parameter wie Abb. 5.1)

spektral schmaler; dann sind die Photonen (im engeren Sinn) Bose-Einstein-verteilt. Ab einer zirkulierenden Lichtleistung von $P_{c,\text{exp}} \approx (1.55 \pm 0.60)\,\text{W}$ zeigen die transversalen Anregungen im wesentlichen ein Sättigungsverhalten und der weit überwiegende Teil der hinzukommenden Photonen bevölkert dann den transversalen Grundzustand. Dass es sich tatsächlich um eine makroskopische Besetzung des TEM$_{00}$-Moden handelt, lässt sich aufgrund des begrenzten Auflösungsvermögens des Spektrometers (Tristan light) von $\approx 2\,\text{nm}$ nur unzureichend anhand der spektralen Verteilung beurteilen. Eindeutiger ist die räumliche Photonenverteilung, die man aus Abbildungen wie Abb. 5.2a entnehmen kann. Der beim Phasenübergang auftretende makroskopisch besetzte Mode hat einen Durchmesser (volle Halbwertsbreite) von $(14 \pm 2)\,\mu\text{m}$. Das entspricht recht genau dem erwarteten Durchmesser des transversalen Grundzustands $d_{\text{ideal}} = 2\sqrt{\hbar \ln 2 / m_{\text{ph}}\Omega} \simeq 12.2\,\mu\text{m}$ für die gegebenen experimentellen Parameter. Normiert man die gemessene kritische Resonatorleistung $P_{c,\text{exp}}$ auf die Leistung pro Photon, $P_{\text{ph}} \simeq \hbar\omega_0/\tau_{\text{rt}}$, erhält man eine kritische Teilchenzahl von $N_{c,\text{exp}} \simeq P_{c,\text{exp}}\tau_{\text{rt}}/\hbar\omega_0 \approx (6.3 \pm 2.4) \times 10^4$. Dieser Wert entspricht recht genau der theoretischen kritischen Teilchenzahl $N_c = (\pi^2/3)(k_B T/\hbar\Omega)^2 \simeq 77000$ für die gegebenen Parameter und zeigt damit, dass der Phasenübergang bei der erwarteten Phasenraumdichte auftritt. Diese Messung kann also als Evidenz für einen Übergang von einem thermischen Gas zu einem Bose-Einstein-Kondensat von Photonen interpretiert werden.

Ursache für den relativ großen Fehler bei der Bestimmung von $P_{c,\text{exp}}$ bzw. $N_{c,\text{exp}}$ ist eine Kombination verschiedener, in erster Linie systematischer Fehlerquellen. Im wesentlichen gehen hier der Kalibrierungsfehler des Leistungsmessgerätes und die Unsicherheit im Transmissionskoeffizienten der Spiegel, $t = (2.5 \pm 0.4) \times 10^{-5}$ für die in Abb. 5.1 gezeigte Messung, ein. Da die mittlere kontinuierlich ausgekoppelte Lichtleistung beim Phasenübergang von der Größenordnung $\approx 1\,\text{nW}$ ist, muss darüber hinaus darauf geachtet werden, das die Leistungsmessung nicht durch Umgebungslicht, gestreutes Pumplicht oder Hintergrund-Fluoreszenzlicht, das an den Rändern der Resonatorspiegel auftritt, verfälscht wird. Dazu ist eine räumliche Filterung des Lichtes vor der Leistungsmessung notwendig, bei der aber sichergestellt sein muss, dass insbesondere die höheren transversalen Moden durch den Strahlengang nicht abgeschnitten werden. Zudem muss auch beachtet werden, dass die räumliche Intensitätsverteilung des Pumplichtes, hier ein Gaußscher Grundmode mit Strahltaille $2w_0 \approx 100\,\mu\text{m}$, nicht zu stark von der Gleichgewichtsverteilung der Photonen abweicht. In Abschnitt 4.3 wurde bereits gezeigt, dass die Photonen, die zu weit entfernt ($> 60\,\mu\text{m}$) von der optischen Achse im Resonator erzeugt werden, nicht mehr in das Fallenzentrum relaxieren bevor sie den Mikroresonator verlassen. Wenn der Durchmesser des Pumpstrahls zu groß eingestellt ist, erwarten wir dementsprechend, dass eine Ortsabhängigkeit des chemischen Potentials zurückbleibt, die durch den Thermalisierungsprozess nicht mehr aufgehoben wird und die sich auf die kritische Resonatorleistung auswirkt.

Zur quantitativen Auswertung der räumlichen Verteilung der Photonen wird durch eine Abbildungsoptik ein reelles Bild des Photonengases auf dem Sensor einer Kamera erzeugt. Die in Abb. 5.2b gezeigten Intensitätsprofile wurden auf gleiche Querschnittsfläche normiert und aus

Gründen der Übersichtlichkeit in y-Richtung verschoben. Die Profile zeigen eine zunehmende räumliche Konzentration der Photonen im Fallenzentrum beim Phasenübergang, in guter Übereinstimmung mit den in Abb. 3.4 gezeigten theoretischen Intensitätsprofilen. Interessanterweise ist aber eine Abweichung bezüglich des Kondensatdurchmessers festzustellen. Der beobachtete Durchmesser ist zumeist größer als der erwartete. Insbesondere nimmt der experimentell bestimmte Durchmesser des TEM$_{00}$-Moden mit steigendem Besetzungsgrad zu. Dieses Verhalten ist unerwartet für ein ideales Gas und deutet auf eine durch das optische Medium vermittelte effektive Abstoßung zwischen den Photonen hin. Es ist zu vermuten, dass diese Wechselwirkung durch einen thermooptischen Effekt hervorgerufen wird. Das wird in Abschnitt 5.5 noch genauer untersucht.

Um die Kohärenzfähigkeit des makroskopisch besetzten Grundzustands zu untersuchen, wird das aus dem Resonator ausgekoppelte Licht durch ein Michelson-Interferometer mit sich selbst überlagert. Die Weglängendifferenz der beiden Interferometerarme bei der in Abb. 5.2c gezeigten Messung beträgt 15 mm. Für diese Messung wurde das Interferometer zudem leicht dejustiert, so dass die interferierenden Teilstrahlen nicht genau kollinear propagieren. Das beobachtete Interferenzmuster zeigt erwartungsgemäß die Kohärenzfähigkeit des Lichtkondensates.

Die einzige Farbstoffeigenschaft, die in die erwartete kritische Teilchenzahl N_c eingeht, ist die Temperatur. Tauscht man also den Farbstoff gegen einen anderen aus, der ebenfalls als Wärmebad geeignet ist, so sollte das Einsetzen der Kondensation davon unbeeinflusst bleiben. Diese Vermutung bestätigt sich auch experimentell. Wird das Rhodamin 6G durch Perylendiimid (PDI) ersetzt ($\varrho \approx 0.75$ g/l in Aceton), so ist, bei ansonsten unverändertem Aufbau, im Rahmen der experimentellen Fehlergrenzen keine Änderung von $P_{c,exp}$ bzw. $N_{c,exp}$ feststellbar. Es gibt allerdings deutliche Unterschiede bei der Pumpleistung, die nötig ist, um die kritische zirkulierende Lichtleistung im Resonator zu erreichen. Das liegt daran, dass der Absorptionskoeffizient der PDI-Lösung bei der Pumpwellenlänge $\lambda = 532$ nm etwa um einen Faktor 3 geringer ist der von Rhodamin 6G. Um auf die gleiche im Resonator absorbierte Pumpleistung zu kommen, muss deswegen stärker gepumpt werden.

5.2 Abhängigkeit der kritischen Leistung von der Resonatorgeometrie

Multipliziert man die kritische Teilchenzahl N_c in der Form von Gleichung 3.25 mit der Leistung pro Photon, $P_{ph} \simeq \hbar\omega_0/\tau_{rt}$, dann erhält man die kritische Resonatorleistung als Funktion der Geometrieparameter des Resonators:

$$P_c \simeq \frac{\pi^2}{12} \frac{n_0 \omega_0}{\hbar c} (k_B T)^2 R \quad (5.1)$$

Man erwartet also einen linearen Anstieg der kritischen Resonatorleistung mit dem Krüm-

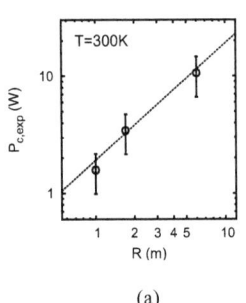 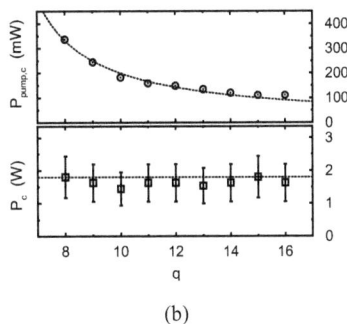

(a) (b)

Abbildung 5.3: (a) Kritische zirkulierende Leistung als Funktion des (effektiven) Spiegelradius R. (Rhodamin 6G in Methanol, $\varrho = 1.5 \times 10^{-3}$ Mol/l, $q = 7$, Pulsdauer $0.5\,\mu$s) (b) Pumpleistung beim Phasenübergang (oben) bzw. kritische zirkulierende Leistung (unten) als Funktion der longitudinalen Modenzahl q. (Rhodamin 6G in Methanol, $\varrho = 1.5 \times 10^{-3}$ Mol/l, Spiegelradien $R_1 = R_2 = 1$ m, Pulsdauer $0.5\,\mu$s)

mungsradius der Spiegel, aber keine Abhängigkeit von der longitudinalen Modenzahl q, also der Länge des Resonators.

Um die Abhängigkeit der im Experiment beobachteten kritischen Leistung vom Krümmungsradius des Resonatorspiegels zu untersuchen, stehen zwei verschiedene Krümmungsradien zur Verfügung, $R = 1$ m bzw. $R = 6$ m. Damit sind drei Spiegelkombinationen möglich, wobei die Kombination $R_1 = 1$ m und $R_2 = 6$ m dabei effektiv als Resonator bestehend aus zwei identischen Spiegeln mit einem Radius $R_1 = R_2 \simeq 1.71$ m betrachtet werden kann (der mittlere Radius ist durch das harmonische Mittel der beiden Spiegelradien gegeben). In Abb. 5.3 sind die experimentell bestimmten kritischen Leistungen $P_{c,\text{exp}}$ gegen den (effektiven) Spiegelradius R aufgetragen. Die experimentellen Daten zeigen in der Tat einen linearen Anstieg mit R. Auch die absoluten Werte stimmen sehr gut mit den theoretischen Erwartungen aus Gleichung 5.1 überein (gestrichelte Linie). Darüber hinaus verdeutlicht die in Abb. 5.3 gezeigte Messung, welche Prozedur in den thermodynamischen Limes führen würde: Skaliert man nämlich gleichzeitig Krümmungsradius und Teilchenzahl mit demselben Faktor, könnte man $N \to \infty$ erreichen, ohne dabei die kritische Temperatur (Raumtemperatur in diesem Fall) zu verändern.

In einer weiteren Messung wurde die Abhängigkeit der kritischen Leistung $P_{c,\text{exp}}$ vom Spiegelabstand D_0 untersucht. Dazu wurde D_0 stufenweise in Halbwellenschritten variiert, ohne dabei die Abschneidewellenlänge $\lambda_0 = 585$ nm zu verändern. Wie theoretisch erwartet zeigt sich im Rahmen der Fehlergrenzen keine signifikante Abhängigkeit von $P_{c,\text{exp}}$ mit dem Spiegelabstand (unterer Graph in Abb. 5.3b). Sowohl die beobachtete Abhängigkeit der kritischen Leistung vom Krümmungsradius als auch die Abhängigkeit vom Spiegelabstand zeigen also die für einen Bose-Einstein Phasenübergang der Photonen erwartete Skalierung. Dies bestätigt, dass der Phasenübergang bei konstanter Phasenraumdichte erfolgt.

Die Pumpleistung, die benötigt wird, um die kritische zirkulierende Leistung zu erzeugen, zeigt eine starke Abhängigkeit vom Spiegelabstand (oberer Graph in Abb. 5.3b). Bei einer Verdopplung der longitudinalen Modenzahl von $q = 8$ nach $q = 16$, wird nur noch ein Drittel der ursprünglichen Pumpleistung benötigt, um die kritische zirkulierende Pumpleistung zu generieren. Interessanterweise verhält sich das Photonengas damit genau entgegengesetzt im Vergleich zum Schwellenverhalten, das bei Farbstoff- [53, 56] bzw. Halbleiter-Mikrolasern [57] berichtet wurde. Dort wurde ein Anstieg der Pumpleistung mit der Resonatorlänge festgestellt. Ursache für das hier beobachtete Absinken ist der Umstand, dass ein größerer Spiegelabstand auch eine zunehmende Farbstofffilmdicke nach sich zieht und deshalb ein größerer Anteil des Pumplichts absorbiert wird. Um auf die gleiche absorbierte Pumpleistung zu kommen, muss deswegen weniger stark gepumpt werden. Nimmt man beispielsweise an, dass die absorbierte Pumpleistung beim Phasenübergang konstant ist, dann erwartet man eine inverse Abhängigkeit der kritischen Pumpleistung P_pump von der Dicke der Farbstoffschicht $D_\text{dye}(q)$, also $P_\text{pump} \propto D_\text{dye}(q)^{-1}$ bzw. $P_\text{pump} = \alpha(q-q_0)^{-1}$ mit den Parametern α und q_0. Führt man eine Anpassung an die experimentellen Datenpunkte durch (durchgezogene Linie im oberen Graph von Abb. 5.3b), so erhält man für den Parameter q_0 einen Wert von $q_0 = 4.77(25)$. Dieser Wert stimmt in der Tat im Rahmen der Fehlergrenzen hervorragend mit dem Wert von 4.68 überein, der in Abschnitt 4.2 aus der Transmission des Pumpstrahls ermittelt wurde. Damit bestätigt sich also die Vermutung, dass beim Vergrößern des Spiegelabstands die absorbierte Pumpleistung konstant bleibt. Rechnet man die in dieser Messung verwendeten Pumpleistungen (Abb. 5.3b) in Pumpintensitäten um, ergeben sich Werte im Bereich $I_\text{pump,c} = P_\text{pump,c}/\pi w_0^2 = (0.6 - 2.2)\,\text{kW/cm}^2$, wobei $w_0 \approx 50\,\mu\text{m}$ und die angegebenen Leistungen noch durch eine Spiegeltransmission von realistischerweise höchstens 50% korrigiert werden müssen. In makroskopischen Rhodamin-6G-Lasern werden üblicherweise Pumpintensitäten von $\approx 100\,\text{kW/cm}^2$ benötigt, um Laserbetrieb zu ermöglichen [130, 131]. Die Pumpintensitäten, die hier notwendig sind, sind also ungefähr zwei Größenordnungen kleiner.

5.3 Kondensation durch räumliche Relaxierung ins Fallenzentrum

Im Abschnitt 4.3 zeigte sich, dass der Thermalisierungsprozess im Mikroresonator von einer räumlichen Umverteilung der Photonen begleitet wird. Wird das Photonengas außerhalb des Fallenzentrums gepumpt, so führen mehrfache Absorptions-Emissionszyklen, zumindest innerhalb gewisser Grenzen, dennoch dazu, dass das Intensitätsmaximum des Photonengases genau im Fallenzentrum liegt. Diese räumliche Umverteilung der Photonen lässt sich ganz analog auch für höhere Pumpleistungen nachweisen. Dazu wurde folgendes Experiment durchgeführt: Der Farbstoff wird nun etwa 50 μm vom Fallenzentrum entfernt gepumpt, mit einem Pumpstrahl-Durchmesser von ca. 35 μm (Halbwertsbreite). Sowohl der Ort des Pumpstrahls als auch seine

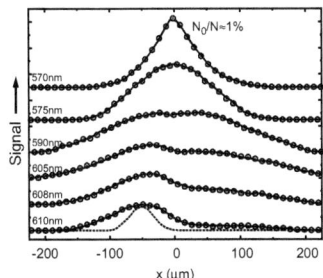

Abbildung 5.4: Kondensation bei räumlich disjunktem Pumplicht. Gezeigt ist die Intensitätsverteilung des Photonengases entlang einer Achse durch das Fallenzentrum für verschiedene Abschneidewellenlängen λ_0 (linker Rand). Der Pumpstrahl (gestrichelte Linie) wird dabei in Position und Leistung festgehalten. Die obere Kurve zeigt ein Photonengas an der Kritizitätsgrenze mit einer Grundzustandsbesetzung $N_0/N \lesssim 1\%$. (Rhodamin 6G in Methanol, $\varrho = 1.5 \times 10^{-3}$ Mol/l, Spiegelradien $R_1 = R_2 = 1$ m, $q = 7$, Pulsdauer $0.5\,\mu$s)

Leistung werden im weiteren Verlauf des Experimentes nicht mehr geändert. Durch eine Feineinstellung des Spiegelabstands wird die Abschneidewellenlänge λ_0 verändert, wodurch die Stärke der Reabsorption eingestellt werden kann.

Die untere Kurve (Kreise verbunden mit durchgezogener Linie) in Abb. 5.4 zeigt das Intensitätsprofil des Photonengases (Schnitt durch das Zentrum und den Pumport) für $\lambda_0 = 610$ nm. Zusätzlich ist die Intensitätsverteilung des Pumpstrahls eingezeichnet (gestrichelte Linie, für diese Messung wurde ein Resonatorspiegel entfernt). Bei dieser Abschneidewellenlänge ist der Grad der Reabsorption gering und damit der Thermalisierungsprozess unterdrückt. Der beobachtete räumliche Schwerpunkt der Intensitätsverteilung ist unter diesen Umständen im wesentlichen durch die Position des Pumpfokusses gegeben. Verringert man λ_0, so steigt der Grad der Reabsorption und der thermische Kontakt zwischen Photonengas und Farbstofflösung wird sukzessive hergestellt. Die Intensitätsverteilungen des Photonengases sind nun zunehmend symmetrisch um das Fallenzentrum verteilt. Bei einer Abschneidewellenlänge von $\lambda_0 = 570$ nm zeigt sich dann, dass durch den Thermalisierungsprozess die Photonendichte im Zentrum hinreichend groß wird, dass die Kondensationsgrenze erreicht wird. Letzteres macht sich durch das Auftreten eines hellen Flecks am Ort des TEM$_{00}$-Moden bemerkbar. Auch das Intensitätsprofil, das im Fallenzentrum eine spitz zulaufende Form annimmt, zeigt typische Merkmale kritischen Verhaltens. Die quantitative Analyse zeigt, dass der Kondensatanteil N_0/N für die in Abb. 5.4 oben gezeigte Messung recht gering ist (unter einem Prozent). In zusätzlichen Messungen konnten aber auch höhere Kondensatanteile erzeugt werden.

Die Schlussfolgerung, die sich aus dieser Messung ergibt, ist, dass die Kondensation nicht unmittelbar durch das Pumplicht ausgelöst wird. Die Intensität des Pumpstrahls am Ort des

TEM$_{00}$-Moden ist hier vernachlässigbar klein. Erst die räumliche Umverteilung der Photonen durch den Thermalisierungsprozess erzeugt die kritische Photonendichte im Fallenzentrum. Ein vergleichbares Verhalten wurde übrigens auch für Exziton-Polaritonen beobachtet [24]. Ähnlich wie bereits in Abschnitt 4.3 beschrieben, kann eine vollständige räumliche Umverteilung des Photonengases nur beobachtet werden, wenn der Pumpfleck nicht zu weit entfernt vom Fallenzentrum ist. Die maximale Entfernung zwischen Pumpfokus und Fallenzentrum, bei der noch eine Kondensation im Fallenzentrum beobachtet werden kann, liegt bei etwa 50 µm. Diese Grenze kann auf die limitierte Zahl an Absorptions-Emissionszyklen zurückgeführt werden, die ein Photon im Mittel durchlaufen kann.

5.4 Reabsorptionen und Besetzungsgrad am Phasenübergang

Die in Abb. 5.3b gezeigten Messresultate ermöglichen eine Abschätzung der Zahl der Reabsorptionszyklen. Wir bestimmen dazu, die Wahrscheinlichkeit β, dass ein Photon bei einem Fluoreszenzprozess im Resonator verbleibt - also in einen Mikroresonatormoden emittiert wird. Für die Zahl angeregter Farbstoffmoleküle N_{exc} gilt aufgrund des Teilchenaustausches mit dem Photonengas

$$N_{\text{exc}} \tau_{\text{exc}}^{-1} \beta = N_{\text{ph}} \tau_{\text{ph}}^{-1} \implies N_{\text{exc}} = \beta^{-1} \frac{\tau_{\text{exc}}}{\tau_{\text{ph}}} N_{\text{ph}} \qquad (5.2)$$

wobei τ_{ph} bzw. τ_{exc} wiederum die Lebensdauern der Photonen bzw. der elektronischen Anregungszustände bezeichnen. Im Unterschied zu der Abschätzung in Gleichung (3.31) wird nun berücksichtigt, dass nur ein bestimmter Anteil der fluoreszierten Photonen, gegeben durch den Wert von β, in einen Resonatormoden emittiert wird. Aufgrund des optischen Pumpens gilt für N_{exc} darüber hinaus

$$\begin{aligned} N_{\text{exc}} &= \frac{P_{\text{p,abs}}}{h\nu_{\text{p}}} \tau_{\text{exc}} \left(1 + \beta + \beta^2 + \ldots\right) \\ &= \frac{P_{\text{p,abs}}}{h\nu_{\text{p}}} \tau_{\text{exc}} \frac{1}{1-\beta} \end{aligned} \qquad (5.3)$$

wobei $P_{\text{p,abs}}$ die absorbierte Pumpleistung, $h\nu_{\text{p}}$ die Energie der Pumpphotonen und deshalb $P_{\text{p,abs}}/h\nu_{\text{p}}$ die absorbierte Teilchenrate des Pumplasers ist. In (5.3) wurde zusätzlich angenommen, dass die Speicherzeit im Resonator durch den Anteil der molekularen Lebensdauer dominiert wird, $\tau_{\text{exc}} \gg \tau_{\text{ph}}$. Aus der Kombination von (5.2) und (5.3) lässt sich dann der Faktor β bestimmen

$$\beta = \frac{1}{1 + \frac{P_{\text{p,abs}}}{h\nu_{\text{p}}} \frac{\tau_{\text{ph}}}{N_{\text{ph}}}} \qquad (5.4)$$

	$\lambda_0 = 570\,\text{nm}$	$575\,\text{nm}$	$580\,\text{nm}$	$585\,\text{nm}$	$590\,\text{nm}$
$N \ll N_c$	3.0	5.4	7.8	13.5	23
$N \simeq N_c$	4.2	7.2	12.3	21	36

Tabelle 5.1: Erwartete mittlere Lebensdauern der Photonen τ_ph in Pikosekunden für Rhodamin 6G in Methanol bei einer Konzentration von $\varrho = 1.5 \times 10^{-3}\,\text{Mol/l}$ und verschiedenen Abschneidewellenlängen λ_0.

und daraus wiederum die mittlere Anzahl der Reabsorptionen $\bar{n}_\text{re}$:

$$\bar{n}_\text{re} = \sum_{n=0}^{\infty} n\beta^n (1-\beta) = \frac{h\nu_\text{p}}{P_\text{p,abs}} \frac{N_\text{ph}}{\tau_\text{ph}} \quad (5.5)$$

Um diese Gleichung auswerten zu können, wird u.a. die mittlere Lebensdauer der Photonen τ_ph benötigt, also die mittlere Zeit zwischen Fluoreszenz und Reabsorption. Diese lässt sich wie folgt berechnen:

$$\tau_\text{ph} = \frac{n_0}{c\varrho} \left[\int_0^\infty \sigma(\hbar\omega_0 + u)\, \tilde{n}(u)\, du \right]^{-1} \quad (5.6)$$

Dabei ist n_0 der Brechungsindex, ϱ die Konzentration des Farbstoffs, $\sigma(e)$ der Wirkungsquerschnitt des Farbstoffs bei einer Photonenenergie e, $\hbar\omega_0$ die Energie des transversalen Grundzustands und $\tilde{n}(u)$ die normierte Verteilungsfunktion der transversalen Anregungsenergien im Photonengas. Die Verteilungsfunktion kann im thermischen Gleichgewicht beispielsweise durch eine Boltzmann-Verteilung ($N \ll N_c$) oder aber durch eine Bose-Einstein-Verteilung ($N \simeq N_c$) gegeben sein:

$$\tilde{n}_\text{Bo}(u) = \frac{u}{(k_B T)^2} \exp(-u/k_B T) \quad (N \ll N_c) \quad (5.7)$$

$$\tilde{n}_\text{BE}(u) = \frac{6u}{(\pi k_B T)^2} \frac{1}{\exp(u/k_B T) - 1} \quad (N \simeq N_c) \quad (5.8)$$

Für Rhodamin 6G bei einer Konzentration von $\varrho = 1.5 \times 10^{-3}\,\text{Mol/l}$ in Methanol, $n_0 = 1.33$, ergeben sich beispielsweise die in Tabelle 5.1 dargestellten erwarteten Photonenlebensdauern.

Die absorbierte Pumpleistung $P_\text{p,abs}$ ist bei der hier verwendeten Farbstoffkonzentration aufgrund der sehr kleinen Absorption nicht ohne weiteres messbar, lässt sich aber für die in Abb. 5.3b gezeigten Messungen anhand der Farbstofffilmdicke und des Absorptionskoeffizientens abschätzen, $P_\text{p,abs} = (0.65 \pm 0.10)\,\text{mW}$. Mit einer mittleren Lebensdauer von $\tau_\text{ph} = (21\pm 6)\,\text{ps}$ erhält man eine erwartete mittlere Zahl von Reabsorptionen von $\bar{n}_\text{re} = (3.8 \pm 2.5)$. Die Fehlergrenzen dieser Abschätzung sind vergleichbar hoch. Dennoch bestätigt diese Analyse der Teilchenflüsse qualitativ, dass die Experimente im Bereich mehrfacher Emissions-Reabsorptionszyklen durchgeführt werden. Klar bestätigen ließ sich die Bedeutung der Reabsorptionen für den Thermalisierungsprozess bereits durch die in den Abschnitten 4.3 und 5.3 beschriebenen Untersuchungen, bei denen gezeigt wurde, dass die Mehrfachabsorption zu einer räumlichen Umverteilung der Photonen in das Fallenzentrum führt. Die Rechnung hier zeigt aber, dass die Zahl der Reabsorptionen wohl unter 6 liegt, was relativ gering im Vergleich zur Zahl der Streuprozesse in einem atomaren Gas erscheint. Man muss aber beachten, dass, anders als bei atomaren Streuprozessen, bereits durch einen einzigen Kontakt mit dem Wärmebad alle Korrelationen zwischen absorbiertem und fluoresziertem Photon mit Ausnahme des räumlichen Überlapps zwischen den beiden Photonenzuständen aufgehoben werden (Regel von Kasha). Eine mehrfache Reabsorption ist tatsächlich nur deshalb notwendig, damit das Photonengas räumlich equilibrieren kann, wenn die Pumpintensitätsverteilung von der Gleichgewichtsverteilung abweicht - so wie es auch üblicherweise der Fall ist.

Es soll nun zusätzlich noch der Anteil der elektronisch angeregten Farbstoffmoleküle beim Phasenübergang abgeschätzt werden. Am Ort des TEM$_{00}$-Moden stellt sich beim Phasenübergang eine Lichtintensität von etwa $I_c(r=0) \approx 10\,\text{kW/cm}^2$ ein (siehe beispielsweise Abb. 3.4), was einer Photonendichte von $\varrho_{\text{ph,c}}(0) \approx 5 \times 10^8\,\text{cm}^{-2}$ entspricht. Nimmt man ein Lebensdauerverhältnis im Bereich von $\tau_{\text{exc}}/\tau_{\text{ph}} \approx 10^1 - 10^2$ an, dann liegt die Dichte der molekularen Anregungen im Bereich $\varrho_{\text{exc,c}}(0) = (\tau_{\text{exc}}/\tau_{\text{ph}})\,\varrho_{\text{ph,c}}(0) \approx (5 \cdot 10^9 - 5 \cdot 10^{10})\,\text{cm}^{-2}$. Die Volumenkonzentration des Farbstoffes ist 1.5×10^{-3} Mol/l und integriert man über die Farbstoffschichtdicke von $D_{\text{dye}} = (q - q_0)\lambda_0/2n_0 \approx 0.52\,\mu\text{m}$ ($q = 7$, $q_0 \approx 4.6$, $\lambda_0 = 585\,\text{nm}$, $n_0 = 1.33$), ergibt sich daraus eine Flächenkonzentration von $\varrho_{\text{R6G}} \approx 4.5 \times 10^{13}\,\text{cm}^{-2}$. Es wird deshalb davon ausgegangen, dass der Anteil der elektronisch angeregten Moleküle am Ort der Kondensation im Bereich $\varrho_{\text{exc,c}}(0)/\varrho_{\text{R6G}} \approx 10^{-4} - 10^{-3}$ liegen sollte. Im Anhang A.2 wird berechnet, dass der minimale Besetzungsgrad des elektronisch angeregten Niveaus, für den eine laserartige optische Verstärkung bei der Wellenlänge des Grundzustands erwartet wird, etwa $(\varrho_{\text{exc}}/\varrho)_{\text{gain}} \approx 0.5 \times 10^{-2}$ beträgt. Der bei der Kondensation auftretende Besetzungsgrad ist damit also ein bis zwei Größenordnungen kleiner als der, der für konventionellen Laserbetrieb notwendig ist. Damit ist zwar noch nicht gezeigt, dass beim Phasenübergang keine Inversion des Übergangs bei λ_0 vorliegt, aber es erscheint zumindest plausibel. Ähnliche Aussagen sind in der Literatur auch im Zusammenhang mit Mikrolasern zu finden [60, 132]. Die Laserschwelle in Mikrolasern wird dadurch charakterisiert, dass die Rate stimulierter Emissionsprozesse in den Lasermoden genau so groß wird wie die Rate der spontanen Prozesse. In Mikroresonatoren kann dieser Punkt bereits dann erreicht werden, wenn noch keine laserartige Verstärkung im Medium durch Inversion des Übergangs vorliegt [132].

Sowohl die Zahl der Reabsorptionen als auch der Besetzungsgrad des elektronisch angeregten Niveaus können momentan noch nicht direkt gemessen werden, weshalb beide Größen in diesem Abschnitt nur näherungsweise bestimmt werden konnten. Die Abschätzungen legen allerdings nahe, dass die Experimente im richtigen Parameterbereich durchgeführt werden. In zukünftigen Messungen sind diese Aspekte aber noch genauer zu untersuchen.

5.5 Selbstwechselwirkung im Lichtkondensat

Die beobachtete räumliche Intensitätsverteilung des Photonengases zeigt, wie in Abb. 5.2 dargestellt, einen ansteigenden Durchmesser des Lichtkondensates mit größer werdenden Besetzungsgrad. Der Durchmesser des TEM$_{00}$-Moden (volle Halbwertsbreite) als Funktion des Besetzungsgrads N_0/N ist in Abbildung 5.5a noch einmal gesondert dargestellt. Knapp nach Einsetzen der Kondensation entspricht der gemessene Durchmesser $(14 \pm 2)\,\mu$m noch in guter Näherung dem Durchmesser, den man vom Grundzustand des harmonischen Oszillators erwartet, $d_{\text{ideal}} = 2\sqrt{\hbar \ln 2 / m_{\text{ph}}\Omega} \approx 14.7\,\mu$m für die Parameter der Messung in Abb. 5.2b. Mit größer werdenden Besetzungsgrad nimmt der Durchmesser dann aber zu. Ein ideales Bose-Gas würde diesen Effekt nicht zeigen, woraus gefolgert werden kann, dass die Wechselwirkungen im Photonengas, die sich formal in einem intensitätsabhängigen Brechungsindex ausdrücken lassen, $n(I) = n_0 + n_2 I$ mit $n_2 \neq 0$, nicht zu vernachlässigen sind. Im Prinzip könnte der intensitätsabhängige Brechungsindex durch Terme höherer Polarisierbarkeit (optischer Kerr-Effekt [106]) hervorgerufen werden. Es ist aber davon auszugehen, dass die relativ geringen hier auftretenden Lichtintensitäten, typischerweise $10\,\text{kW/cm}^2$ bis $100\,\text{kW/cm}^2$, nicht ausreichend sind, um auf diese Weise eine signifikante Brechungsindexänderung herbei zu rufen. Die näher liegende Erklärung ist ein thermooptischer Effekt. Demnach erwärmt der massiv besetzte Grundzustand lokal die Farbstofflösung durch strahlungslose Desaktivierung. Diese Erwärmung führt zu einem Absinken des Brechungsindexes (Indexänderung $\partial n/\partial T = -4.863 \times 10^{-4}\,\text{K}^{-1} < 0$ bei Methanol [133]), wodurch der optische Abstand zwischen den Spiegeln verringert wird. Effektiv kann das als eine lokale Verformung der Spiegel im Bereich des Grundmoden aufgefasst werden, die, in Übereinstimmung mit dem Experiment, zu einer Vergrößerung des Durchmessers führen sollte (siehe Abb. 5.5b). Die lichtinduzierten Brechungsindexänderungen haben hierbei den Charakter einer repulsiven Wechselwirkung.

Damit der induzierte Brechungsindexgradient Δn zwischen den äußeren Bereichen des Grundmoden und der optischen Achse einen signifikanten Einfluss auf den Durchmesser haben kann, muss die damit verbundene Energie (3.12) mindestens so groß sein wie die Nullpunktsenergie des transversalen harmonischen Oszillators, also $\hbar\Omega$:

$$-\frac{m_{\text{ph}} c^2}{n_0^3}\Delta n \stackrel{!}{=} \hbar\Omega \quad \Longrightarrow \quad \Delta n = -n_0^3 \frac{\hbar\Omega}{m_{\text{ph}} c^2} \quad (5.9)$$

Für die experimentell gegebenen Parameter ergibt sich hieraus $\Delta n \approx -0.85 \times 10^{-4}$. Dieser Wert wird bereits durch einen recht kleinen Temperaturgradienten von $\Delta T = (\partial n/\partial T)^{-1}\Delta n \approx 0.17\,\text{K}$ hervorgerufen wird. Um eine solche Brechungsindexänderung mittels des optischen Kerr-Effekts zu verursachen, ist zu vermuten, dass Intensitäten von der Größenordnung $I \approx \Delta n/n_2^{(K)} \approx 0.5\,\text{GW/cm}^2$ notwendig sind[1]. Um die Stärke der Wechselwirkung mit anderen zweidimen-

---

[1] Hierbei wurde ein nichtlinearer Brechungsindex von $n_2^{(K)} \approx -1.6 \times 10^{-13}\,\text{cm}^2/\text{W}$ angenommen. Es muss aber beachtet werden, dass dieser aus der Literatur [134] stammende Wert bei einer Wellenlänge von

sionalen Gasen, z.B. atomare Gase [109], vergleichen zu können, soll nun der dimensionslose Wechselwirkungsparameter $\tilde{G}$ (Gleichung 3.13) bestimmt werden, der in der Gross-Pitaevskii-Gleichung für paraxiales Licht (3.15) eingeht. Zunächst muss betont werden, dass bei der Herleitung der Gross-Pitaevskii-Gleichung vorausgesetzt wurde, dass die Brechungsindexänderung proportional zur Lichtintensität ist, $\Delta n(\vec{r}) = n_2 I(\vec{r})$. Bei einem thermooptischen Effekt ist der Sachverhalt im allgemeinen komplizierter, da hier die Temperaturänderung an einem Ort nicht unbedingt proportional zur lokalen Wärmequelle sein muss. Zur Vereinfachung soll dies aber im Folgenden vorausgesetzt werden, was in Anbetracht des direkten Wärmekontaktes der Farbstofflösung mit den Spiegeln in erster Näherung sinnvoll erscheint.

Aus der numerischen Lösung der Gross-Pitaevskii-Gleichung, Abschnitt 3.1, ist bekannt, dass eine Verdopplung des Modendurchmesser bei einer Wechselwirkungsstärke von $\tilde{G}N_0 \simeq 30$ auftritt. Diese Verdopplung wird experimentell bei einem Kondesatanteil von ungefähr $N_0/N \approx 25\%$ erreicht (Abb. 5.5), was einer Grundzustandsbesetzung von in etwa $N_0 \approx 40000$ entspricht. Der dimensionslose Wechselwirkungsparameter ist damit von der Größenordnung $\tilde{G} \approx 30/40000 = 7.5 \times 10^{-4}$ (mit einem Fehler von bis zu 40%). In Abb. 5.5 ist die theoretisch erwartete N_0/N-Abhängigkeit des Kondensatdurchmessers für $\tilde{G} = 7.5 \times 10^{-4}$ eingezeichnet, die sich aus der numerischen Lösung der Gross-Pitaevskii-Gleichung ergibt (Kurve 'Num.'). Die experimentellen Datenpunkte lassen sich damit zufriedenstellend modellieren. Ebenfalls eingezeichnet ist der Durchmesser in Thomas-Fermi-Näherung (3.17), der erwartungsgemäß für kleine Besetzungsgrade abweicht (Kurve 'TF'). Wir überprüfen unsere Analyse, indem wir $\tilde{G}$ noch auf eine zweite Weise bestimmen. Wie bereits zuvor argumentiert, muss die mit der Wechselwirkung verknüpfte Energie so groß sein wie die Nullpunktsenergie des harmonischen Oszillators, um einen signifikanten Einfluss auf den Durchmesser haben zu können. Daraus folgte ein Brechungsindexgradient von $\Delta n \approx 0.85 \times 10^{-4}$. Der Intensitätsgradient, bei dem experimentell eine deutliche Veränderung des Durchmessers festgestellt wird, bewegt sich in der Größenordnung $\Delta I \approx 50 \,\mathrm{kWcm^{-2}}$. Der nichtlineare Brechungsindex kann dann durch $n_2^{(\mathrm{th})} \approx \Delta n/\Delta I \approx 1.7 \times 10^{-13}\,\mathrm{m^2/W}$ abgeschätzt werden. Daraus erhält man mit Gleichung 3.13, $\tilde{G} = -m_{\mathrm{ph}}^3 c^4 n_2/\hbar^2 n_0^5 \tau_{\mathrm{rt}}$, einen Wechselwirkungsparameter von der Größenordnung $\tilde{G} \approx 4 \times 10^{-4}$, was im Rahmen der Fehlergrenzen mit der ersten Analyse übereinstimmt. Vergleicht man mit den von anderen zweidimensionalen (atomaren) Bose-Gasen berichteten Wechselwirkungsparametern, $\tilde{G} = 10^{-2} - 10^{-1}$ [109], so ist festzustellen, dass das zweidimensionale Photonengas deutlich schwächer wechselwirkt und damit einem idealen Gas sehr viel näher kommt. Insbesondere gibt es bis jetzt keine Anzeichen dafür, dass der Phasenübergang vom Szenario der Bose-Einstein-Kondensation abweicht, so wie es für stärker wechselwirkende Gase der Fall ist, bei denen ein Kosterlitz-Thouless (KT) Phasenübergang beobachtet wurde [109, 135, 136]. Ein Anzeichen für eine KT-artige Phase wäre zum Beispiel, wenn die Phase des Kondensats räumlich nicht konstant ist. Um dies experi-

---

750 nm gemessen wurde. Andere dort angegebene Werte sind $n_2^{(\mathrm{K})}(780\,\mathrm{nm}) \approx -1.278 \times 10^{-13}\,\mathrm{cm^2/W}$ bzw. $n_2^{(\mathrm{K})}(806\,\mathrm{nm}) \approx -1.7873 \times 10^{-13}\,\mathrm{cm^2/W}$. Ein Wert für Wellenlängen nahe 590 nm war nicht ausfindig zu machen. Es ist deshalb zumindest nicht auszuschließen, dass $n_2^{(\mathrm{K})}$ dort größer sein könnte.

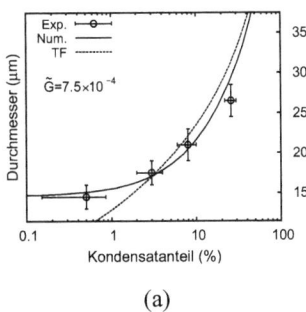 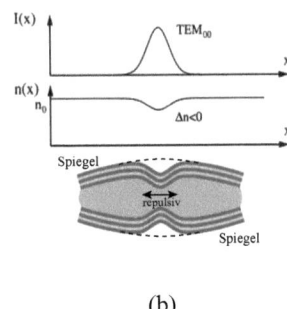

(a) (b)

Abbildung 5.5: (a) Durchmesser (volle Halbwertsbreite) des Resonator-Grundmoden (TEM$_{00}$) als Funktion des Besetzungsgrads (Kreise). Die gestrichelte Linie gibt den theoretisch erwarteten Modendurchmesser bei einem Wechselwirkungsparameter von $\tilde{G} = 7.5 \times 10^{-4}$ an. (experimentelle Parameter wie bei der Messung in Abb. 5.2) (b) Schematische Darstellung der optischen Selbstwechselwirkung. Der massiv besetzte Grundzustand heizt die Farbstofflösung lokal auf, senkt den Brechungsindex und verkleinert damit den optischen Abstand der Spiegel. Effektiv kann das als Verformung der Spiegel interpretiert werden, die zu einer repulsiven Wechselwirkung führt.

mentell zu untersuchen, wurden erste Messungen mit einem Michelson-Interferometer durchgeführt. Das Interferometer wurde dabei so justiert, dass unterschiedliche räumliche Bereiche des Grundmoden zur Interferenz gebracht werden (Scheer-Interferometer). Das beobachtete Interferenzmuster zeigte aber keine Anzeichen für eine räumliche Variation der Phase. Dies ist auch in Übereinstimmung mit theoretischen Aussagen nach denen die langreichweitige Ordnung des Kondensats erst bei stärkeren Wechselwirkungen, für $\tilde{G} \gtrsim 10^{-3}$, in eine quasi-langreichweitige Ordnung übergeht [109].

Kapitel 6

Ausblick

Im Rahmen der vorliegenden Doktorarbeit wurden Untersuchungen zur Thermodynamik von paraxialem Licht durchgeführt. Dabei konnten verschiedene experimentelle Evidenzen für ein thermalisiertes zweidimensionales Photonengas und eine Bose-Einstein-Kondensation von Photonen nachgewiesen werden. Die stärksten Hinweise sind dabei:

i) Die Besetzung der transversalen Anregungszustände im Photonengas ist thermisch, d.h. Bose-Einstein verteilt.

ii) Die Kondensation findet bei der für eine Bose-Einstein-Kondensation erwarteten Phasenraumdichte statt.

iii) Es konnte eine räumliche Relaxierung der Photonen ins Fallenzentrum festgestellt werden. Eine Kondensation im Fallenzentrum kann auf diese Weise selbst dann observiert werden, wenn Pumplicht und Resonatorgrundzustand keinen räumlichen Überlapp haben.

Diese Beobachtungen lassen den Schluss zu, dass im vorliegenden Experiment erstmals ein Gleichgewichtsphasenübergang von Photonen nachgewiesen werden konnte, der in einem engeren Sinne als Bose-Einstein-Kondensation zu betrachten ist.

Es ist naheliegend, das hier vorgestellte Mikroresonator-Experiment mit den Experimenten zur Exziton-Polariton-Kondensation zu vergleichen. In der vorliegenden Arbeit konnte nicht nur gezeigt werden, dass ein teilchenzahlerhaltender Thermalisierungsprozess für das Photonengas auch ohne starke Licht-Materie-Kopplung möglich ist, sondern darüber hinaus auch, dass er in gewisser Weise sogar effektiver ist als die Thermalisierung durch Polariton-Polariton-Stöße. In den Polaritonen-Experimenten können beispielsweise Bose-Einstein verteilte Polaritonenenergien tatsächlich nur für hohe Teilchendichten nahe der kritischen Teilchenzahl festgestellt werden. Im vorliegenden Experiment ist das für beliebige Photonenzahlen der Fall, d.h. das System ist auch geringen Photonendichten sehr nahe am thermischen Gleichgewicht. Ebenso vorteilhaft ist, dass hier, im Gegensatz zu den Polaritonen-Experimenten, alle Messungen bei Raumtemperatur durchgeführt werden können. Nicht zuletzt ist das paraxiale Photonengas aufgrund seiner sehr schwachen Wechselwirkungen auch weitaus näher am ursprünglichen Szenario des von Einstein untersuchten idealen Bose-Gases.

Der Schwerpunkt der bisherigen Untersuchungen lag auf dem thermodynamischen Verhalten des Photonengases, eine detaillierte Charakterisierung der Kondensateigenschaften steht noch aus. Erste interferometrische Messungen zeigen erwartungsgemäß die Kohärenzfähigkeit des Lichtkondensates. Die beobachtete Kohärenzlänge ist größer als einige Zentimeter, muss aber noch genauer bestimmt werden. Die entsprechenden Messungen sind Gegenstand laufender Arbeiten. Noch interessanter als die Kohärenz erster Ordnung ist aber das Verhalten der Kohärenz zweiter Ordnung. In Kapitel 3.3 wurde dargestellt, dass aus thermodynamischer Sicht der großkanonische Teilchenaustausch zwischen Kondensat und Reservoir zu ungewöhnlich großen Photonenzahlfluktuationen führen könnte. Eine der wichtigsten noch ausstehenden Messungen ist deshalb die Bestimmung von $g^{(2)}(\tau)$ mit Hilfe eines Hanbury-Brown-Twiss-Experimentes.

Auf Seite des experimentellen Aufbaus bietet sich mittelfristig der Einsatz von Spiegeln mit voller dreidimensionaler Bandlücke an [137,138]. Diese Spiegel zeichnen sich dadurch aus, dass sie hochreflektierend für beliebige Einfallswinkel sind und so die fluoreszierenden Moleküle besser gegen Verlustmoden abschirmen. Damit würde man die Zahl der Absorptions-Emissionszyklen erhöhen, die die Photonen durchlaufen können, bevor sie verloren gehen. Auf diese Weise wäre es möglich, das Pumplicht zu reduzieren, das zur Aufrechterhaltung einer bestimmten Photonenzahl im Resonator benötigt wird. Darüber hinaus würde man damit erwarten, dass auch Photonen, die weit entfernt vom Fallenzentrum in den Resonator eingebracht werden, noch vollständig in das Potentialminimum relaxieren, bevor sie den Resonator verlassen. Unter diesen Bedingungen könnte die räumliche Relaxierung der Photonen wohl möglich sogar technisch dazu verwendet werden, Licht, das flächig auf den Resonator trifft, auf einen „Punkt" zu konzentrieren - und zwar effizienter als das mit heutigen Fluoreszenzkollektoren möglich ist [139]. Weiterhin ist es sinnvoll zu untersuchen, auf welche Weise die momentan verwendete Farbstofflösung durch einen Festkörper ersetzt werden kann. Dies ist Gegenstand der Diplomarbeit von Julian Schmitt, die zur Zeit in der Arbeitsgruppe Weitz durchgeführt wird. Statt einer Farbstofflösung kommt in diesen Experimenten eine Farbstoff-Polymerschicht zum Einsatz und die ersten Ergebnisse sind vielversprechend.

Auf Seite der physikalischen Grundlagenforschung besteht die Möglichkeit, stärker wechselwirkende zweidimensionale Bose-Gase und damit verbundene Effekte wie Suprafluidität zu untersuchen. Der Vergleich mit den entsprechenden Untersuchungen an atomaren Gasen legt allerdings nahe, dass dafür stärkere Wechselwirkungen von Vorteil bzw. sogar notwendig wären. Eine Erhöhung des dimensionslosen Wechselwirkungsparameters, in den bisherigen Messungen $\tilde{G} \approx 7 \times 10^{-4}$, um zumindest eine Größenordnung erscheint dabei auch durchaus möglich. Legt man Gleichung (3.13) zu Grunde, dann gibt es dafür drei Methoden: Eine Vergrößerung der Photonenmasse hätte aufgrund der Abhängigkeit mit der dritten Potenz, $\tilde{G} \propto m_{\text{ph}}^3$, einen nicht unerheblichen Einfluss. Das könnte im Prinzip durch eine Verlagerung des Wellenlängenbereichs in den nahen UV-Bereich erreicht werden. Eine Verkürzung der Resonatorumlaufzeit τ_{rt} würde wegen $\tilde{G} \propto \tau_{\text{rt}}^{-1}$ ebenfalls eine Erhöhung der Wechselwirkung bewirken. Das wäre zum Beispiel durch kleinere Spiegelabstände und insbesondere durch eine kleinere effektive

Eindringtiefe in die Spiegel zu erreichen. Nicht zuletzt könnte auch der nichtlineare Koeffizient n_2 durch eine etwas geringere Quanteneffizienz der Farbstoffmoleküle erhöht werden, zumindest solange das Photonengas durch diesen Verlustkanal nicht aus dem Gleichgewicht getrieben wird. Kombiniert man die drei genannten Methoden, so erscheint eine Erhöhung von $\tilde{G}$ um eine Größenordnung nicht unrealistisch. Unabhängig von der Frage der Wechselwirkungen zwischen den Photonen könnten thermooptische Brechungsindexänderungen auch dazu genutzt werden, komplexere Potentiale für das zweidimensionale Photonengas zu synthetisieren. Das könnte z.B. durch das Hinzufügen eines zweiten Farbstoffs mit spektral deutlich verschobenen Absorptionsprofil (nahes Infrarot) und vorzugsweise sehr geringer Quantenausbeute erreicht werden, dessen Absorptionsmaximum bei der Emissionswellenlänge eines zusätzlich eingestrahlten weiteren Laserstrahls liegt. Durch das räumliche Profil dieses zweiten Laserstrahls würde man gezielt Wärmeeintrag in das Medium und damit das gewünschte Brechungsindexprofil erzeugen können.

Anhang

A.1 Ergänzung zu Abschnitt 2.4

Spektrale Temperatur im Grenzfall langsamer Konversionsdynamik

In Abschnitt 2.4 wurde ein Modell betrachtet in dem ein Farbstoff aus zwei Molekülsorten zusammengesetzt ist. Falls es zu Umwandlungen zwischen diesen Molekülsorten während der Lebensdauer des elektronisch angeregten Zustands kommt, können Abweichungen zwischen spektraler und thermodynamischer Temperatur des Farbstoffes auftreten. In einer Arbeit von Sawicki et al. [95] treten solche Abweichungen scheinbar sogar dann auf, wenn die Quanteneffizienz des Farbstoffs eins ist, $\Phi = 1$. In Abschnitt 3.4 wurde allerdings argumentiert, dass dies zu einer Verletzung des zweiten Hauptsatzes der Thermodynamik führt.

An dieser Stelle soll nun gezeigt werden, dass unter bestimmten physikalischen Randbedingungen tatsächlich auch das Modell von Sawicki et al. keine Abweichungen zwischen spektraler und thermodynamischer Temperatur für einen Farbstoff mit $\Phi = 1$ impliziert. Dazu werten wir Gleichung (2.28) aus, die die Temperaturdifferenz $\Delta T(\omega) = T_\text{spec}(\omega) - T$ im Grenzfall langsamer Molekülumwandlungen angibt. Wir betrachten nun wiederum den Fall, dass sich die beiden Molekülsorten einzig dadurch unterscheiden, dass die Bandkanten von Grundzustand und angeregtem Zustand energetisch gegeneinander verschoben sind, $\Delta E_\text{a} = E_{\text{a},2} - E_{\text{a},1} \neq 0$ bzw. $\Delta E_\text{g} = E_{\text{g},2} - E_{\text{g},1} \neq 0$ (Abb. 2.4). Dann sind die Spektren mit der Frequenz $\Delta_\Omega = (\Delta E_\text{a} - \Delta E_\text{g})/\hbar$ gegeneinander verschoben und es gilt

$$f_2(\omega) = f_1(\omega - \Delta_\Omega)\,\omega^4/(\omega - \Delta_\Omega)^4 \qquad (\text{A.1})$$

$$\alpha_2(\omega) = \alpha_1(\omega - \Delta_\Omega)\,\omega\,/(\omega - \Delta_\Omega)\,e^{-\frac{\Delta E_g}{k_\text{B} T}} \qquad (\text{A.2})$$

(siehe Abschnitt 2.4). Darüber hinaus erscheint es plausibel anzunehmen, dass die Konversionsparameter ϵ_{12}, ϵ_{21} durch

$$\epsilon_{12} = \epsilon_{21}\,e^{-\frac{\Delta E_a}{k_\text{B} T}} \qquad (\text{A.3})$$

miteinander verknüpft sind, wobei eine Arrhenius-Dynamik [103] für die Umwandlung der Molekülsorten zu Grunde gelegt wurde. Durch Einsetzen der Gleichungen A.1, A.2 und A.3 in (2.28) lässt sich nun verifizieren, dass es unter diesen Bedingungen in der Tat nicht zu Abweichungen zwischen spektraler und thermodynamischer Temperatur kommt, $\Delta T(\omega) = 0$. Oder anders formuliert: Die Gleichung (2.28) impliziert nur dann Abweichungen zwischen den beiden Temperaturen, wenn etwa die Umwandlungsdynamik von der Arrhenius-Dynamik abweicht, oder aber wenn sich die Absorptionskoeffizienten durch einen anderen Faktor als den Boltzmann-Faktor unterscheiden. Durch eine solche Modellierung führt man aber meines Erachtens implizit eine Art Maxwellschen Dämon ein. Es ist daher auch nicht verwunderlich, dass auf diese Weise scheinbar Verletzungen des zweiten Hauptsatzes möglich sind.

A.2 Besetzungsgrad an der Verstärkungsschwelle

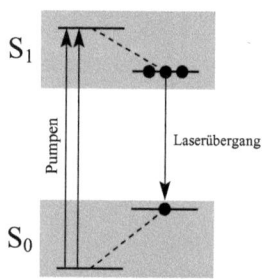

Abb. A.1: 4-Niveau-System

In einem konventionellen Laser setzt die Laseroszillation ein, wenn die Verluste des Laserlichtes pro Umlauf durch die Verstärkung des aktiven Mediums kompensiert werden. Die wichtigsten Verlustkanäle sind dabei Spiegelverluste bzw. Reabsorption bei der Wellenlänge des Lasermoden. Verstärkung durch stimulierte Emission wird dann erreicht werden, wenn der Übergang bei der Laserwellenlänge invertiert ist. In einem vereinfachten Bild des Farbstoffmoleküls kann der Laserübergang als Teil eines 4-Niveau-Systems betrachtet werden, wobei der Übergang zwischen zwei Niveaus stattfindet, bei dem das untere Niveau aus rovibronisch hoch angeregten Zuständen des elektronischen Grundzustands S_0 besteht, siehe Abb. A.1. Im thermischen Gleichgewicht sind diese Zustände nur wenig besetzt bzw. die Besetzung wird aufgrund des stoßinduzierten Thermalisierungsprozesses schnell abgebaut. Auf diese Weise kann dann eine Inversion zwischen dem relativ langlebigen oberen Laserniveau und dem kurzlebigen unteren Laserniveau erzeugt werden. Dazu müssen sich allerdings hinreichend viele Moleküle im elektronisch angeregtem Zustand S_1 befinden. Der minimale Besetzungsgrad, der für eine Laseroszillation notwendig ist, kann folgendermaßen berechnet werden [140, 141]:

$$\left(\frac{\varrho_{\text{exc}}}{\varrho}\right)_{\text{gain}} = \frac{\sigma_{\text{a}} - \ln(R_1 R_2)/2D\varrho}{\sigma_{\text{a}} + \sigma_{\text{e}} + k_{\text{ST}}\tau_{\text{T}}(\sigma_{\text{a}} - \sigma_{\text{a}}^{\text{T}})} \tag{A.4}$$

Dabei ist ϱ_{exc} die Konzentration der Moleküle im oberen elektronischen Niveau, ϱ die Gesamtkonzentration der Moleküle, σ_{a} der Wirkungsquerschnitt für stimulierte Absorption bei der Wellenlänge des Laserlichtes, σ_{e} der Wirkungsquerschnitt für die stimulierte Emission, k_{ST} die Konversionsrate von Singulettzuständen nach Triplettzuständen, τ_{T} die Lebensdauer der Triplettzustände, $\sigma_{\text{a}}^{\text{T}}$ der Wirkungsquerschnitt für stimulierte Absorption durch Moleküle in Triplettzuständen, R_1, R_2 sind die Spiegelreflektivitäten und D ist die Länge des Resonators. Für Rhodamin 6G gelten dabei die Werte von Tabelle A.1. Für die Parameter des Farbstoff-Mikroresonators aus dieser Arbeit, d.h. $\varrho = 1.5 \times 10^{-3}\,\text{Mol/l}$, $R_1 = R_2 = 0.99997$ und $D = (q-q_0)\lambda_0/2n_0 \approx 0.53\,\mu\text{m}$ (q=7), erhält man damit einen notwendigen Besetzungsgrad von $(\varrho_{\text{exc}}/\varrho)_{\text{gain}} \approx 0.5\,\%$. Es müssen also mindestens 0.5 % der Moleküle im elektronisch angeregtem Zustand sein, damit die stimulierte Emission die Verluste kompensiert und es zu einer Verstärkung bei der Wellenlänge des Laserlichtes kommt.

Größe	Wert
σ_a	$1.0 \times 10^{-19}\,\text{cm}^2$ (*)
σ_e	$2.1 \times 10^{-16}\,\text{cm}^2$ (*)
σ_a^T	$5.9 \times 10^{-17}\,\text{cm}^2$ (*)
k_{ST}	$1.3 \times 10^7\,\text{s}^{-1}$
τ_T	50 ns

(* bei 580 nm)

Tabelle A.1: Parameter für Rhodamin 6G [142]

Literaturverzeichnis

[1] A. Einstein, Quantentheorie des einatomigen idealen Gases – Zweite Abhandlung, *Sitzungsberichte der Preussischen Akademie der Wissenschaften, Physikalisch-mathematische Klasse, Sitzungsberichte 1925*, 3 (1925).

[2] M. H. Anderson, J. R. Ensher, M. R. Matthews, C. E. Wieman und E. A. Cornell, Observation of Bose-Einstein condensation in a dilute atomic vapor, *Science* **269**, 198 (1995).

[3] K. B. Davis, M.-O. Mewes, M. R. Andrews, N. J. van Druten, D. M. Durfee, D. M. Kurn und W. Ketterle, Bose-Einstein condensation in a gas of sodium atoms, *Physical Review Letters* **75**, 3969 (1995).

[4] C. C. Bradley, C. A. Sackett und R. G. Hulet, Bose-Einstein condensation of lithium: Observation of limited condensate number, *Physical Review Letters* **78**, 985 (1997).

[5] S. Jochim, M. Bartenstein, A. Altmeyer, G. Hendl, S. Riedl, C. Chin, J. Hecker und R. Grimm, Bose-Einstein condensation of molecules, *Science* **302**, 2101 (2003).

[6] M. Greiner, C. Regal und D. Jin, Emergence of a molecular Bose-Einstein condensate from a Fermi gas, *Nature* **426**, 537 (2003).

[7] A. J. Leggett, Bose-Einstein condensation in the alkali gases: Some fundamental concepts, *Reviews of Modern Physics* **73**, 307 (2001).

[8] M. Planck, Ueber das Gesetz der Energieverteilung im Normalspectrum, *Annalen der Physik* **309**, 553 (1901).

[9] S. Bose, Plancks Gesetz und Lichtquantenhypothese, *Zeitschrift für Physik* **26**, 178 (1924).

[10] K. Huang, Statistical Mechanics, Wiley, New York (1987).

[11] W. Ketterle, D. S. Durfee und D. M. Stamper-Kurn, Making, probing and understanding Bose-Einstein condensates, in: M. Inguscio, S. Stringari und C. E. Wieman (Hrsg.), Bose-Einstein condensation in atomic gases, Proceedings of the International School of Physics 'Enrico Fermi', Course CXL, IOS Press, Amsterdam (1999).

[12] R. Y. Chiao, Bogoliubov dispersion relation and the possibility of superfluidity for weakly interacting photons in a two-dimensional photon fluid, *Physical Review A* **60**, 4114 (1999).

[13] R. Y. Chiao, Bogoliubov dispersion relation for a 'photon fluid': Is this a superfluid?, *Optics Communications* **179**, 157 (2000).

[14] M. W. Mitchell, C. I. Hancox und R. Y. Chiao, Dynamics of atom-mediated photon-photon scattering, *Physical Review A* **62**, 043819 (2000).

[15] M. W. Mitchell und R. Y. Chiao, Dynamics of atom-mediated photon-photon scattering I: Theory, *arXiv:physics/0002014* (2000).

[16] E. L. Bolda, R. Y. Chiao und W. H. Zurek, Dissipative optical flow in a nonlinear Fabry-Pérot cavity, *Physical Review Letters* **86**, 416 (2001).

[17] C. F. McCormick, R. Y. Chiao und J. M. Hickmann, Weak-wave advancement in nearly collinear four-wave mixing, *Optics Express* **10**, 581 (2002).

[18] C. F. McCormick, Transverse effects in nonlinear optics: Toward the photon superfluid, Dissertation, University of California, Berkeley (2003).

[19] P. Navez, Frequency down-conversion through Bose condensation of light, *Physical Review A* **68**, 5 (2003).

[20] R. Y. Chiao, T. H. Hansson, J. M. Leinaas und S.. Viefers, Effective photon-photon interaction in a two-dimensional 'photon fluid', *Physical Review A* **69**, 063816 (2004).

[21] J. Martinez und Anton, Semiclassical quantization of the electromagnetic field confined in a kerr-effect nonlinear cavity, *Journal of the Optical Society of America B* **23**, 1644 (2006).

[22] B. T. Seaman und M. J. Holland, Evaporative cooling of a photon fluid to quantum degeneracy, *arXiv:0807.1356* (2008).

[23] J. Kasprzak et al., Bose-Einstein condensation of exciton polaritons, *Nature* **443**, 409 (2006).

[24] R. Balili, V. Hartwell, D. Snoke und L. Pfeiffer, Bose-Einstein condensation of microcavity polaritons in a trap, *Science* **316**, 1007 (2007).

[25] J. Kasprzak, M. Richard, A. Baas, B. Deveaud, R. André, J.-P. Poizat und L. S. Dang, Second-order time correlations within a polariton Bose-Einstein condensate in a cdte microcavity, *Physical Review Letters* **100**, 1 (2008).

[26] J. Kasprzak, D. D. Solnyshkov, R. Andre, L. S. Dang und G. Malpuech, Formation of an exciton polariton condensate: Thermodynamic versus kinetic regimes, *Physical Review Letters* **101**, 146404 (2008).

[27] K. G. Lagoudakis, M. Wouters, M. Richard, A. Baas, I. Carusotto, R. André, L. S. Dang und B. Deveaud-Plédran, Quantized vortices in an exciton-polariton condensate, *Nature Physics* **4**, 706 (2008).

[28] A. Amo, J. Lefrère, S. Pigeon, C. Adrados, C. Ciuti, I. Carusotto, R. Houdré, E. Giacobino und A. Bramati, Superfluidity of polaritons in semiconductor microcavities, *Nature Physics* **5**, 805 (2009).

[29] J. Klaers, F. Vewinger und M. Weitz, Thermalization of a two-dimensional photonic gas in a 'white-wall' photon box, *Nature Physics* **6**, 512 (2010).

[30] J. Klaers, J. Schmitt, F. Vewinger und M. Weitz, Bose-Einstein condensation of photons in an optical microcavity, *Nature* **468**, 545 (2010).

[31] K. Huang, Introduction to Statistical Physics, CRC Press, Boca Raton (2001).

[32] D. Meschede, Optik, Licht und Laser, B. G. Teubner Verlag, Wiesbaden (2005).

[33] V. Bagnato und D. Kleppner, Bose-Einstein condensation in low-dimensional traps, *Physical Review A* **44**, 7439 (1991).

[34] A. Einstein, Zur Quantentheorie der Strahlung, *Physikalische Zeitschrift* **18**, 121 (1917).

[35] D. Kleppner, Rereading Einstein on radiation, *Physics Today* **58**, 30 (2005).

[36] F. Herrmann und P. Würfel, Light with nonzero chemical potential, *American Journal of Physics* **73**, 717 (2005).

[37] T. J. J. Meyer und T. Markvart, The chemical potential of light in fluorescent solar collectors, *Journal of Applied Physics* **105**, 063110 (2009).

[38] E. M. Purcell, H. C. Torrey und R. V. Pound, Resonance absorption by nuclear magnetic moments in a solid, *Physical Review* **69**, 37 (1946).

[39] E. M. Purcell, in: Proceedings of the American Physical Society, *Physical Review* **69**, 674 (1946).

[40] K. H. Drexhage, Interaction of light with monomolecular dye layers, in: E. Wolf (Hrsg.), Progress in Optics, North-Holland, Amsterdam (1974).

[41] R. Hulet, E. Hilfer und D. Kleppner, Inhibited spontaneous emission by a Rydberg atom, *Physical Review Letters*, 2137 (1985).

[42] W. Jhe, A. Anderson, E. Hinds, D. Meschede, L. Moi und S. Haroche, Suppression of spontaneous decay at optical frequencies: Test of vacuum-field anisotropy in confined space, *Physical Review Letters* **58**, 666 (1987).

[43] F. De Martini, G. Innocenti, G. R. Jacobovitz und P. Mataloni, Anomalous spontaneous emission time in a microscopic optical cavity, *Physical Review Letters* **59**, 2955 (1987).

[44] F. De Martini, M. Marrocco, P. Mataloni, L. Crescentini und R. Loudon, Spontaneous emission in the optical microscopic cavity, *Physical Review A* **43**, 2480 (1991).

[45] P. Milonni, Spontaneous emission between mirrors, *Journal of Modern Optics* **9**, 119 (2007).

[46] R. Loudon und M. J. Adams, Spontaneous emission in microcavities, *IET Optoelectronics* **1**, 289 (2007).

[47] E. P. Petrov, V. N. Bogomolov, I. I. Kalosha und S. V. Gaponenko, Spontaneous emission of organic molecules embedded in a photonic crystal, *Physical Review Letters* **81**, 77 (1998).

[48] J. M. Gerard und B. Gayral, Strong Purcell effect for InAs quantum boxes in three-dimensional solid-state microcavities, *Journal of Lightwave Technology* **17**, 2089 (1999).

[49] P. Lodahl, A. Floris van Driel, I. S. Nikolaev, A. Irman, K. Overgaag, D.. Vanmaekelbergh und W. L. Vos, Controlling the dynamics of spontaneous emission from quantum dots by photonic crystals, *Nature* **430**, 654 (2004).

[50] E. Yablonovitch, Light emission in photonic crystal micro-cavities, in: E. Burstein und C. Weisbuch (Hrsg.), Confined Electrons and Photons: New Physics and Applications, Plenum Press, New York (1995).

[51] Z.-Y. Li, Modified thermal radiation in three-dimensional photonic crystals, *Physical Review B* **66**, 4 (2002).

[52] M. Florescu, K. Busch und J. P. Dowling, Thermal radiation in photonic crystals, *Physical Review B* **75**, 4 (2007).

[53] F. De Martini und G. Jacobovitz, Anomalous spontaneous-stimulated-decay phase transition and zero-threshold laser action in a microscopic cavity, *Physical Review Letters* **60**, 1711 (1988).

[54] H. Yokoyama und S. D. Brorson, Rate equation analysis of microcavity lasers, *Journal of Applied Physics* **66**, 4801 (1989).

[55] G. Börk, S. Machida, Y. Yamamoto und K. Igeta, Modification of spontaneous emission rate in planar dielectric microcavity structures, *Physical Review A* **44**, 669 (1991).

[56] F. De Martini, F. Cairo, P. Mataloni und F. Verzegnassi, Thresholdless microlaser, *Physical Review A* **46**, 4220 (1992).

[57] H. Yokoyama, K. Nishi, T. Anan, Y. Nambu, S. D. Brorson, E. P. Ippen und M. Suzuki, Controlling spontaneous emission and threshold-less laser oscillation with optical microcavities, *Optical and Quantum Electronics* **24**, 245 (1992).

[58] K. A. Shore und M. Ogura, Threshold characteristics of microcavity semiconductor lasers, *Optical and Quantum Electronics* **24**, 209 (1992).

[59] G. Björk, H. Heitmann und Y. Yamamoto, Spontaneous-emission coupling factor and mode characteristics of planar dielectric microcavity lasers, *Physical Review A* **47**, 4451 (1993).

[60] Y. Yamamoto, S. Machida und G. Björk, Micro-cavity semiconductor lasers with controlled spontaneous emission, *Optical and Quantum Electronics* **24**, 215 (1992).

[61] K. Nozaki, S. Kita und T. Baba, Room temperature continuous wave operation and controlled spontaneous emission in ultrasmall photonic crystal nanolaser, *Optics Express* **15**, 7506 (2007).

[62] D. Meschede, Radiating atoms in confined space – From spontaneous emission to micromasers, *Physics Reports* **211**, 201 (1992).

[63] H. Walther, B. T. H. Varcoe, B. G. Englert und T. Becker, Cavity quantum electrodynamics, *Reports on Progress in Physics* **69**, 1325 (2006).

[64] S. K. Lamoreaux, Demonstration of the casimir force in the 0.6 to 6 μm range, *Physical Review Letters* **78**, 5 (1997).

[65] W. E. Lamb und R. C. Retherford, Fine structure of the Hydrogen atom by a microwave method, *Physical Review* **72**, 241 (1947).

[66] V. Weisskopf und E. Wigner, Berechnung der natürlichen Linienbreite auf Grund der Diracschen Lichttheorie, *Zeitschrift für Physik* **63**, 54 (1930).

[67] E. T. Jaynes und F. W. Cummings, Comparison of quantum and semiclassical radiation theories with application to beam maser, *Proceedings of the IEEE* **51**, 89 (1963).

[68] R. Loudon, The quantum theory of light, Oxford University Press, Oxford (2000).

[69] A. C. Doherty und H. Mabuchi, Atoms in microcavities: Quantum electrodynamics, quantum statistical mechanics, and quantum information science, in: K. Vahala (Hrsg.), Optical microcavities, World Scientific, Singapur (2004).

[70] J. Vuckovic, C. Santori, D. Fattal, M. Pelton, G. S. Solomon und Y. Yamamoto, Cavity-enhanced single photons from a quantum dot, in: K. Vahala (Hrsg.), Optical microcavities, World Scientific, Singapur (2004).

[71] J. P. Dowling, Spontaneous emission in cavities: How much more classical can you get?, *Foundations of Physics* **23**, 895 (1993).

[72] M. Munsch, A. Mosset, A. Auffèves, S. Seidelin, J. P. Poizat, J.-M. Gérard, A. Lemaître, I. Sagnes und P. Senellart, Continuous-wave versus time-resolved measurements of Purcell factors for quantum dots in semiconductor microcavities, *Physical Review B* **80**, 115312 (2009).

[73] J. M. Kosterlitz und D. J. Thouless, Ordering, metastability and phase transitions in two-dimensional systems, *Journal of Physics C: Solid State Physics* **6**, 1181 (1973).

[74] J. M. Blatt, K. W. Böer und W. Brandt, Bose-Einstein condensation of excitons, *Physical Review* **126**, 1691 (1962).

[75] S. A. Moskalenko, Reversible optico-hydrodynamic phenomena in a non ideal exciton gas, *Soviet Physics Solid State* **4**, 199 (1962).

[76] H. Deng, H. Haug und Y. Yamamoto, Exciton-polariton Bose-Einstein condensation, *Reviews of Modern Physics* **82**, 1489 (2010).

[77] J. Kasprzak, Condensation of exciton polaritons, Dissertation, Université Joseph Fourier – Grenoble 1 (2006).

[78] D. S. Petrov, D. M. Gangardt und G. V. Shlyapnikov, Low-dimensional trapped gases, *Journal de Physique IV* **116**, 5 (2004).

[79] W. J. Mullin, Bose-Einstein condensation in a harmonic potential, *Journal of Low Temperature Physics* **106**, 615 (1997).

[80] W. J. Mullin, A study of Bose-Einstein condensation in a two-dimensional trapped gas, *Journal of Low Temperature Physics* **110**, 167 (1998).

[81] E. De Angelis, F. De Martini und P. Mataloni, Microcavity quantum superradiance, *Journal of Optics B: Quantum and Semiclassical Optics* **2**, 149 (2000).

[82] J. R. Lakowicz, Principles of fluorescence spectroscopy, Kluwer Academic, New York (1999).

[83] K. H. Drexhage, Structure and properties of laser dyes, in: F. P. Schäfer (Hrsg.), Dye lasers, Springer-Verlag, Berlin (1990).

[84] F. P. Schäfer, Principles of dye laser operation, in: F. P. Schäfer (Hrsg.), Dye lasers, Springer-Verlag, Berlin (1990).

[85] M. Kasha, Characterization of electronic transitions in complex molecules, *Discussions of the Faraday society* **9**, 14 (1950).

[86] E. H. Kennard, On the thermodynamics of fluorescence, *Physical Review* **11**, 29 (1918).

[87] E. H. Kennard, The excitation of fluorescence in fluorescein, *Physical Review* **29**, 466 (1927).

[88] B. I. Stepanov, Universal relation between the absorption spectra and luminescence spectra of complex molecules, *Doklady Akademii Nauk SSSR* **112**, 839 (1957).

[89] L. P. Kazachenko und B. I. Stepanov, Mirror symmetry and the shape of absorption and luminescence bands of complex molecules, *Optika i Spektroskopiya* **2**, 339 (1957).

[90] D. E. McCumber, Einstein relations connecting broadband emission and absorption spectra, *Physical Review* **136**, A954 (1964).

[91] R. Ross, Some thermodynamics of photochemical systems, *The Journal of Chemical Physics* **46**, 4590 (1967).

[92] R. L. Van Metter und R. S. Knox, On the relation between absorption and emission spectra of molecules in solution, *Chemical Physics* **12** (1976).

[93] E. Yablonovitch, Thermodynamics of the fluorescent planar concentrator, *Journal of the Optical Society of America* **70**, 1362 (1980).

[94] R. S. Knox und L. F. Marshall, The Kennard-Stepanov relation for time-resolved fluorescence, *Journal of Luminescence* **85**, 209 (2000).

[95] D. A. Sawicki und R. S. Knox, Universal relationship between optical emission and absorption of complex systems: An alternative approach, *Physical Review A* **54**, 4837 (1996).

[96] L. Kozma, L. Szalay und J. Hevesi, Influence of environment on luminescence of dissolved dye molecules, *Acta Physica et Chemica* **10**, 67 (1964).

[97] N. Metropolis, A. Rosenbluth, M. Rosenbluth, A. H. Teller und E. Teller, Equation of state calculations by fast computing machines, *The Journal of Chemical Physics* **21**, 1087 (1953).

[98] D. P. Landau und K. Binder, A guide to Monte-Carlo simulations in statistical physics, Cambridge Univerity Press, Cambridge (2000).

[99] H. Du, R.-C. A. Fuh, J. Li, L. A. Corkan und J. S. Lindsey, PhotochemCAD. A computer-aided design and research tool in photochemistry and photobiology, *Photochemistry and Photobiology* **68**, 141 (1998).

[100] A. Ringler und L. Szalay, Vibrational temperature of organic-molecules and relationship between absorption and fluorescence-spectra in solutions, *Acta Physica et Chemica* **20**, 19 (1974).

[101] Y. T. Mazurenko, Broadening of electronic-spectra of complex molecules in a polar medium, *Optika i Spektroskopiya* **33**, 22 (1972).

[102] Y. T. Mazurenko, Kinetics of luminescence of polar solutions, *Optika i Spektroskopiya* **36**, 491 (1974).

[103] K. A. Connors, Chemical Kinetics – The Study of Reaction Rates in Solution, VCH Publishers (1990).

[104] R. Englman und J. Jortner, The energy gap law for radiationless transitions in large molecules, *Molecular Physics* **18**, 145 (1970).

[105] D. Gloge und D. Marcuse, Formal quantum theory of light rays, *Journal of the Optical Society of America* **59**, 1629 (1969).

[106] R. Y. Chiao, S. G. Lukishova, T. K. Gustafson und P. L. Kelley, Self-focusing of optical beams, in: R. W. Boyd, S. G. Lukishova und Y. R. Shen (Hrsg.), Self-focusing: Past and present – Fundamentals and prospects, Springer, New York (2009).

[107] S. Flügge, Practical Quantum Mechanics I, Springer, Heidelberg (1971).

[108] H. Kogelnik und T. Li, Laser beams and resonators, *Applied Optics* **5**, 1550 (1966).

[109] Z. Hadzibabic und J. Dalibard, Two-dimensional Bose fluids: An atomic physics perspective, *arXiv:0912.1490* (2009).

[110] E. P. Gross, Structure of a quantized vortex in boson systems, *Il Nuovo Cimento* **20**, 454 (1961).

[111] L. P. Pitaevskii, Vortex lines in an imperfect Bose gas, *Soviet Physics JETP* **13**, 451 (1961).

[112] P. Muruganandam und S. K. Adhikari, Fortran programs for the time-dependent gross-pitaevskii equation in a fully anisotropic trap, *Computer Physics Communications* **180**, 1888 (2009).

[113] D. Magde, R. Wong und P. G. Seybold, Fluorescence quantum yields and their relation to lifetimes of rhodamine 6G and fluorescein in nine solvents: Improved absolute standards for quantum yields, *Photochemistry and Photobiology* **75**, 327 (2002).

[114] I. Fujiwara, D. Ter Haar und H. Wergeland, Fluctuations in the population of the ground state of Bose systems, *Journal of Statistical Physics* **2**, 329 (1970).

[115] R. M. Ziff, G. E. Uhlenbeck und M. Kac, Ideal Bose-Einstein gas, revisited, *Physics Reports* **32**, 169 (1977).

[116] Vi. V. Kocharovsky, Vl. V. Kocharovsky, M. Holthaus, C. H. Raymond Ooi, A. A. Svidzinsky, W. Ketterle und M. O. Scully, Fluctuations in ideal and interacting Bose-Einstein condensates: From the laser phase transition analogy to squeezed states and bogoliubov quasiparticles, *Advances in Atomic, Molecular, and Optical Physics* **53**, 291 (2006).

[117] C. Freed und H. Haus, 1A1 – Photoelectron statistics produced by a laser operating below and above the threshold of oscillation, *IEEE Journal of Quantum Electronics* **2**, 190 (1966).

[118] P. Lett, R. Short und L. Mandel, Photon statistics of a dye laser far below threshold, *Physical Review Letters* **52**, 341 (1984).

[119] U. Vogl und M. Weitz, Laser cooling by collisional redistribution of radiation, *Nature* **461**, 70 (2009).

[120] U. Vogl und M. Weitz, Spectroscopy of atomic rubidium at 500-bar buffer gas pressure: Approaching the thermal equilibrium of dressed atom-light states, *Physical Review A* **78**, 011401(R) (2008).

[121] U. Vogl, Kollektive Effekte und stoßinduzierte Redistributionskühlung in dichten atomaren Gasen, Dissertation, Rheinische Friedrich-Wilhems-Universität Bonn (2010).

[122] M. Wheeler, S. Newman und A. Orr-Ewing, Cavity ring-down spectroscopy, *Journal of the Chemical Society* **94**, 337 (1998).

[123] F. Schelle, Untersuchung der Thermodynamik eines zweidimensionalen Photonengases im Hochfinesse-Resonator, Diplomarbeit, Rheinische Friedrich-Wilhems-Universität Bonn (2009).

[124] M. Sadrai, L. Hadel, R. R. Sauers, S. Husain, K. Krogh-Jespersen, J. D. Westbrook und G. R. Bird, Lasing action in a family of perylene derivatives: Singlet absorption and emission spectra, triplet absorption and oxygen quenching constants, and molecular mechanics and semiempirical molecular orbital calculations, *Journal of Physical Chemistry* **96**, 7988 (1992).

[125] L. R. Wilson und B. S. Richards, Measurement method for photoluminescent quantum yields of fluorescent organic dyes in polymethyl methacrylate for luminescent solar concentrators, *Applied Optics* **48**, 212 (2009).

[126] A. Penzkofer und Y. Lu, Fluorescence quenching of rhodamine 6G in methanol at high concentration, *Chemical Physics* **103**, 399 (1986).

[127] A. Penzkofer und W. Leupacher, Fluorescence behaviour of highly concentrated rhodamine 6G solutions, *Journal of Luminescence* **37**, 61 (1987).

[128] M. Fischer und J. Georges, Fluorescence quantum yield of rhodamine 6G in ethanol as a function of concentration using thermal lens spectrometry, *Chemical Physics Letters* **260**, 115 (1996).

[129] R. Pappalardo, H. Samelson und A. Lempicki, Long-pulse laser emission from rhodamine 6G, *IEEE Journal of Quantum Electronics* **6**, 716 (1970).

[130] E. Ippen, C. Shank und A. Dienes, Rapid photobleaching of organic laser dyes in continuously operated devices, *IEEE Journal of Quantum Electronics* **7**, 178 (1971).

[131] O. G. Peterson, S. A. Tuccio und B. B. Snavely, cw operation of an organic dye solution laser, *Applied Physics Letters* **17**, 245 (1970).

[132] G. Björk, A. Karlsson und Y. Yamamoto, Definition of a laser threshold, *Physical Review A* **50**, 1675 (1994).

[133] M. E. Lusty und M. H. Dunn, Refractive indices and thermo-optical properties of dye laser solvents, *Applied Physics B: Lasers and Optics* **44**, 193 (1987).

[134] A. Nag und D. Goswami, Solvent effect on two-photon absorption and fluorescence of rhodamine dyes, *Journal of Photochemistry and Photobiology A: Chemistry* **206**, 188 (2009).

[135] Z. Hadzibabic, P. Krüger, M. Cheneau, B. Battelier und J. Dalibard, Berezinskii-Kosterlitz-Thouless crossover in a trapped atomic gas, *Nature* **441**, 1111 (2006).

[136] P. Clade, C. Ryu, A. Ramanathan, K. Helmerson und W. D. Phillips, Observation of a 2d Bose gas: From thermal to quasicondensate to superfluid, *Physical Review Letters* **102**, 170401 (2009).

[137] S. Noda, K. Tomoda, N. Yamamoto und A. Chutinan, Full three-dimensional photonic bandgap crystals at near-infrared wavelengths, *Science* **289**, 604 (2000).

[138] A. Blanco et al., Large-scale synthesis of a silicon photonic crystal with a complete three-dimensional bandgap near 1.5 micrometres, *Nature* **405**, 437 (2000).

[139] W. van Sark et al., Luminescent solar concentrators – A review of recent results, *Optics Express* **16**, 21773 (2008).

[140] B. Helbo, S. Kragh, B. G. Kjeldsen, J. L. Reimers und A. Kristensen, Investigation of the dye concentration influence on the lasing wavelength and threshold for a micro-fluidic dye laser, *Sensors and Actuators A: Physical* **111**, 21 (2004).

[141] O. G. Peterson, J. P. Webb, W. C. McColgin und J. H. Eberly, Organic dye laser threshold, *Journal of Applied Physics* **42**, 1917 (1971).

[142] J. Barroso, A. Costela, I. Garcia-Moreno und R. Sastre, Wavelength dependence of the nonlinear absorptions properties of laser dyes in solid and liquid solutions, *Chemical Physics* **238**, 257 (1999).

Die VDM Verlagsservicegesellschaft sucht für wissenschaftliche Verlage abgeschlossene und herausragende

Dissertationen, Habilitationen, Diplomarbeiten, Master Theses, Magisterarbeiten usw.

für die kostenlose Publikation als Fachbuch.

Sie verfügen über eine Arbeit, die hohen inhaltlichen und formalen Ansprüchen genügt, und haben Interesse an einer honorarvergüteten Publikation?

Dann senden Sie bitte erste Informationen über sich und Ihre Arbeit per Email an *info@vdm-vsg.de*.

Sie erhalten kurzfristig unser Feedback!

VDM Verlagsservicegesellschaft mbH
Dudweiler Landstr. 99
D - 66123 Saarbrücken
www.vdm-vsg.de

Telefon +49 681 3720 174
Fax   +49 681 3720 1749

Die VDM Verlagsservicegesellschaft mbH vertritt

Printed by Books on Demand GmbH, Norderstedt / Germany